楚尘
文化
Chu Chen

北京楚尘文化传媒有限公司 出品

千年之色

日本植物染之美

千年の色
古き日本の美しさ

［日］吉冈幸雄 —— 著

林叶 —— 译

中信出版集团｜北京

再现学自前人的日本古来之色——选自"前言"

要得到黄色，需要用"青茅"这种长得像芒草的植物。我作坊里做染料的青茅，是在近江的伊吹山采集到的。自古以来，这个地方出产的青茅质量就很高，《延喜式》中也有这个记录，染色的方法也是按照传统的做法。

上图：作坊里用青茅染好的作品

左下图：从碾碎的青茅中提取出色素

右下图：野生的青茅

反过来思考纸的文化与古代的"衣服"——选自"第一讲"

穿纸衣的行为在如今的东大寺修二会修行者身上还能看到。纸衣是作为净衣来用的。此外，纸染色以后，也能更为庄重地装饰经书。

在棉布普及以前，一般人穿的是麻或者藤布（右下图）。左下图是在作坊里再现的"远山袈裟"。

上图：紫纸金字金光明最胜王经

金光明最勝王經滅業障品第五 三藏法師義淨奉　制譯

尒時世尊住正分別入於甚深微妙靜慮從

身毛孔放大光明無量百千種種薝蔔諸佛

剎土悉現先中十方恒河沙挍量譬喻所不

能及五濁惡世為先所照是諸衆生作十惡

業五無閒罪誹謗三寶不孝尊親輕慢師長

婆羅門衆應墮地獄餓鬼傍生彼含蒙光至

所住處是諸有情見斯光已因光力故皆得

安樂端正妹色相具足福智莊嚴得見諸

佛是時帝釋一切天衆及恒河女神并諸大

衆蒙光希有咸至佛所右繞三帀退坐一面

尒時天帝釋承佛威力即從座起偏袒右肩

右膝著地合掌向佛而白佛言世尊云何善

男子善女人願求阿耨多羅三藐三菩提修

行大乘欄受一切邪倒有情皆於蓮作業障

植物染的色彩源于耐心——选自"第二讲"

我作坊里所有种类的植物染，都是用天然染料进行自然染色的。这是从飞鸟、天平时代一直传到明治初期的染色方法，其历史远比化学染色更为悠久。

图：我在从事染色作业

木根、花果、树皮、贝类、虫子等，用自然界的材料来染色

——选自"第二讲"

美丽的色彩是自然界的馈赠。将古人苦行探索而得、在丝线和布料上进行染色的那种技法再现出来。

上图：作坊里所用植物染的主要染料

左下图：黄栌的内部是黄色染料

右下图：紫草中存有色素

不仅在日本，在整个世界都一直深受人们喜爱的蓝染之色
——选自"第二讲"

世界上有各种各样带有蓝色系颜色的蓝。在日本，蓝色产自"蓼蓝"，那种
被爱称为日本蓝的颜色，就是用这种植物染成的。

日本之蓝"蓼蓝"的田地

发酵之后，"蓝花"绽放的状态

蓝染的媒染工序

我的作坊里差不多也是一年到头都在做蓝染。蓝的优点在于不受纤维限制，

不论是麻、木棉这种植物系列，还是绢等动物系列，都能染得很好。

上图：表现出蓝染浓淡的和纸染

下图：作坊中用蓝染来表现嫩苗嫩草的作品

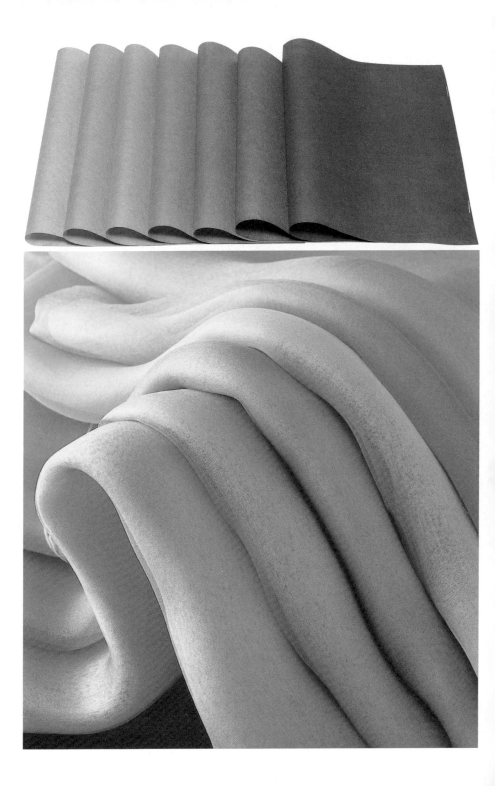

要得到漂亮的红色系颜色，红花是不可或缺的——选自"第二讲"

红花与其说是红色不如说更像是黄色，把刚刚摘下来的红花进行干燥，从中将黄色的色素冲洗掉只取红色色素。这样的红，一直被用于女性的化妆品。

上图：送到作坊里的红花

下图：用红花来再现《源氏物语》中的"袭"这种衣服

目录

前言

  "衣食住"这个说法，现在听起来总有一种令人怀念的感觉。

  生而为人，穿着、饮食、居住，就是日常生活中不可或缺的三个最重要的基本要素，代表了人生而为人的某种类似三原色一般的东西。

  不过，最近在日本的都市以及世界上的很多先进地区，"衣食住"这种人类生活的根本要素似乎尤其被人忽视。不，与其说是忽视，毋宁说是人们忘记了它最根本的精神，仅流于表面。这是当下社会的风潮。穿着即时尚，饮食即美食，居住即为生活方式等，"衣食住"随着这些词语一起进入时髦之物的范畴，让人总觉得漫无边际、不得要领。

"衣食住"一个一个分开来看的话，尽管有所不足，但相较于过去已经处于一种过于饱和的状态，而且表现得极其多样化。然而，谁都不去思考这个词语的深层含义。

随着时代的发展，比起以前，这三个根本需求，在人们的生活中显然已经可以轻松地得到满足。这个世界确实变得均一、轻松、便利。生活中那些明显的不便正在消失。

但是，仔细想想，生活在地球上的人，也只有"都市生活者"这样的群体过得舒适，而生活在边境的那些民族，进一步说的话，其他的动物、植物则并非如此。可以说大概只有先进国家的国民才可以任性妄为、自私自利地享受便利、享受功能性的好处吧。

尽管我并不打算将话题扩展到地球上的生物的存亡以及未来观上，但是有一点可以说的是，生物身体的各个部分都有着诸多功能，这些功能趋于稳定、完善。倘若这些功能及器官没有得到使用便会逐渐发生退化，如若人们每天都贪图轻松、依赖便利性，便会渐渐丧失一些功能。

在"饮食"上，如果人只吃柔软之物，牙齿与下颚就都会变弱。胃之类的消化器官估计也是一样吧。不走路的话，脚就会不听使唤；在"穿衣"和"居住"方面，要是也都按照产品批量生产的规格，那人就会丧失自主的能力以及个体感性这样的功能；而只穿牛仔裤的话，就会对穿衣打扮的"时机与场合"失去判断力。

与自然的交往也是一样，我们一旦因为混凝土和电脑而远离自然，那便会忘记接触自然的方法。因为我们认为自然是身外之物，故而会被自然所震慑，甚至有的时候，会遭到可怕的报应。

当我继承了家族产业染布作坊，按照自己的方法去再现"植物染"这类日本古有的染色法之后，我便强烈地感受到这样的情况。

事实上，有很多事情是我在一点一点地探索自然、小心翼翼地从事着古法复现的工作之后，才意识到的。

"衣食住"的根本也是必须在自然大地中探寻的，但是人们都错误地认为那些都是自己的创造物。于是，我们所看到的仅仅只是对基本骨骼进行过度装饰的表面现象而已。

接下来要说的是，我根据古法学习染布工作以及精神传承的日子里所感受到的"我的自然观、人生观"，尽管这也是一个久违的词语——"温故知新"。

我将结合与自己工作相关的领域以及生我养我的京都这个古都的风土，来阐述自己对此的心得。

尊和之心

从新世纪到来之际开始，想要控制住狂飙突进式的发展步伐，重新挖掘并审视日本的历史、文化、风俗习惯的气氛好像变得日益高涨起来。

我们的国家曾经经历过漫长的闭关锁国时代，明治时代以后这种状态才得到改变，随即西方文明便以狂涛怒浪之势迅速涌入，而日本国内则官民一致地、积极地加以接受，推进日本的现代化发展。与此同时，日本自古以来的很多优点都是在西方文明的挤压下而丧失的。尤其是到了战后的昭和时代，这样的状况更是得到进一步的推动。

作为对这一状况的反省，"尊和"这种观念大概也算是一种潮流吧。然而朝这样的风向转变了之后，不久便出现了新的趋势，那就是要了解日本这个国家的自然风土是如何培育的，习惯与风俗、文化与艺术是如何建构的，认清现在的状态，在每天的生活中找回失去的那些东西。

这个潮流是值得欢迎的。然而不可否认的是，这样的趋势有点太过幼稚，我们掌握的方法也极其肤浅且单一。

例如，经常有人把一些与工作性质、色彩相关的话题抛给我——"蓝是日本人的颜色，对吧？"

类似这样的问题，提问者说的时候还异常激动。

明治时代初期来日本的那些欧美人，看到路上走的很多日本人穿着蓝染的短上衣、背上染有字号（姓名）的短外褂等服装，他们便将此称为"日本蓝"。可是，这不是日本才有的现象。蓝染这种染色法存在于世界各地，蓝色是不受身份限制、深受人们喜爱的一种颜色。它是牛仔裤那种颜色。不了解这个情况就说"蓝是日本人的颜色"，也真是个让人头疼的事。这个事情我想放在后面详细说明。

此外，一言以蔽之，即便是蓝色，也有一千多种不同的蓝，平安时代人们所说的那种"青蓝色"就是一种稍微带点黄色的绿色系的颜色。时代不同，人们对蓝色色相的感觉也会有所不同。

即便把蓝色当作"和"的代表进行再认识，也不是时下

5

流行的那种喜欢蓝染的小东西之类的情况，也不是在那些挂有蓝色门帘的京町家¹咖啡馆里享受咖啡就可以的事情，这些是一种想当然的态度。

在梅花、樱花盛开之际，为花季所诱，人们到花下赏花，虽然享受的是置身美丽季节之中的那种快乐，但是，却不能简单地将淡红色的梅花与樱花一律都称为"粉色"（pink）。英语里的pink，用植物的名字来说的话，指的是"瞿麦"或者"石竹"。如果说"瞿麦色的漂亮樱花"的话，那就很奇怪了。

而且，"禅"或者"禅味"这样的词语也是如此。

"禅"发展于中国，是在镰仓时代传入日本的。禅不仅仅是一种教养，而且揭示了人的生活方式，这个思想也被纳入茶道与艺术之中。确实，在这个过程中，禅对日本文化产生了巨大的影响。但是即便如此，只要了解日本的历史，谁都知道这也不是"和"的所有内容。

"ZEN"是从欧美出口转内销的一种风情，禅味这个说法可以说也是长期围绕"和"而形成的一种流行语。

这样，"和"这种事情，不能只在高级层面上进行考察，

1　京町家：一种主要位于日本京都的职住一体型的住宅样式。京町家多为两层，有时也有三层的京町家。其宽度较窄，但长度较长，因此又被称为"鳗鱼的寝床"。根据京都市的定义，"在1950年以前按照传统的木造轴组构法修建的木造家屋"才可称为京町家。——译者注（本书脚注无特别说明均为译者注）

而必须要再一次地将沉淀在下面的部分搅拌上来。"和"这个词语，也包含了配合良好、关系融洽、缓和温和的意思。我希望尊重那种被认为是"调和""亲和""温和"的原本的"和"。

为此，我们还是需要从各个领域出发来学习日本的历史，尤其是先人们留下来的那些佳作珍品，必须要仔仔细细、踏踏实实地观看。

学"古"获益多

我是四十岁出头开始从事家传行业——染坊工作的。因为我家就在离工作室不远的地方，从小我也看到过父亲和他的弟子们站着工作的样子以及那些染色的工序等，所以与那些从完全不同的职业转行过来的人相比，我并没有太多的不协调。不过事实上，每天去染坊工作了以后，我才亲身体会到体力劳动的艰辛。

总而言之，植物染这种工作，是很花时间的。在这里我试着介绍一下这个工作的一部分内容。

例如，用"青茅"这种长得像芒草的黄色染料植物（参考彩页），染一反 ¹ 绢布。

首先往不锈钢大盆里加入从地下汲取的优质水，加到七分左右的位置，再将切好的青茅浸在水中，放在煤气灶上加热。

用大火煮开之后，保持中火。过了不久，青茅的色素就溶解在热水中，与其说是变成黄色，不如说是变成了淡淡的茶褐色液体。烧了三十分钟左右以后，从火上取下，过滤。接下来，将过滤好的青茅再次放入倒好水的圆柱形深底锅中熬出颜色。

将第一次的提取液倒入装了四十摄氏度左右的热水的大型浴缸里，刚开始的时候只要放一点点。技术不熟练的人，需要计量之后再往里加入，但像作坊里技术熟练的染匠福田传士这样的人，靠目测就可以。

由于刚开始加入的提取液真的就只有很少的一点点，所以颜色很淡，甚至很难判断是否已经把染料倒入大浴缸里了。然后，把一反大小的绢布放入其中。绢布是事先已经在热水里

1　一反：也写作"端"，日本的布匹长度单位，长宽的标准因材质和时代的不同而不同。在古代，绢布（绸缎）的话，宽度为9寸5分到1尺，长度为2丈8尺到3丈为1反；棉布的话，宽9寸5分，长2丈8尺为1反。其后，只按照一件的宽度、长度来算的话，和服用的布是宽9寸5分，长度3丈以上，外褂用的棉布是宽9寸5分，长度2丈4尺以上，以上为一反的标准。

浸泡过的，容易吸收染料的那种。于是，在三十分钟的时间里，要在浴缸的提取液中不停地依次来回翻动绢布。

取出来看的话，会感觉稍微呈现出一点颜色，但还是非常接近白色。接下来，把它放在装了水的大面盆里清洗。现在可能会想，明明染上色了，还要再洗吗？这是为了将纤维里没有充分浸透的染料洗掉。

接下来要进入"媒染[1]"这个工序。

几乎所有的植物染料，都需要制作染色材料的液体与媒染剂——也就是介入布料与染料之间，进一步促进发色的。之后，将布料在这两种溶液中交替着来回进行翻动，在染色剂溶液中翻动三十分钟，然后再放在媒染剂溶液中来回翻动三十分钟，这样反反复复地来回翻动绢布。

绢布在这个媒染剂溶液中会逐渐呈现出非常漂亮的黄色。媒染剂溶液里面用的是将天然带有铝元素的明矾溶解之后的物质，或者是用刚砍下来的山茶树枝烧制而成的木灰做的灰液。在媒染剂溶液中来回翻动之后，还要用水洗净。

如果将这种分别在染色剂溶液和媒染剂溶液中来回翻动

---

1 媒染：利用媒染剂让对纤维没有亲和力的染料色素染上纤维。并不是所有的色素都可以轻易地染着在纤维上，纤维与色素的结合往往需要借助于媒介的帮助，这种媒介物就是媒染剂。

的工作算作一道工序的话，那么一天要反复做六七道工序。偶尔要先往浴盆里补上提取好的青茅染色液。这是要补上色素被布料吸收之后减少的分量，所以媒染剂溶液也同样需要补上。

必须要非常有耐心地做这样的单调工作。总而言之，就是要花很多时间。那些偶尔到我的作坊里来参观学习或者来实际体验染布工作的人，往往会感到惊讶，觉得这样的工作还要花一整天的时间持续不断地做。可是，只有这样才能染出美丽的颜色呀。来参观学习的人差不多都觉得厌烦。

我的作坊里要做各种各样的植物染色工作，标准的工作量是，要让青茅的黄色染得稍微再浓一点的话，上述的那些工序至少要花两天，如果布稍微厚一点的话，就必须反复做上三天，所谓深刻感受到工作中的辛劳，指的就是这个事情。当然，这些工序并不是我的作坊想出来的。

在《延喜式》这本记载了日本平安时代法律 [《养老律令》][1]（養老律令）] 实施细则的书中，也有关于染色的记载，在染深黄色这一项中写道：

---

1 《养老律令》：日本养老二年（718）起，藤原不比等根据《大宝律令》做了一些修订而成。它是古代日本中央政府的基本法典，由十卷十二篇的律与十卷三十篇的令组成。自天平宝字元年（757）开始施行（时孝谦天皇在位），废止于明治维新时期。它也是日本史上时间最长的明文法令。律已大半散佚，令大部分尚存于《令义解》中。

深黄绫一匹。青茅草大五斤。灰一斗五升。薪六十斤。

绫这种布料，是将绢织成斜纹质地，要将这种布料染成深黄色，所需青茅的叶和茎的分量是"大五斤"，即500克左右。

灰就是山茶树枝烧制的灰，指的就是前面所说的媒染剂溶液。燃烧木材，煎煮青茅，一边加热一边染布，书中非常简洁地记录了这个做法。

《延喜式》是延喜年间（901—923）完成的，距现在差不多是一千一百年。此外，这个《延喜式》的其他部分中，记载了青茅是从近江与丹波运来的。现在我们用的青茅也是从近江运来的。

我的作坊就是根据这样的古代文献来做的，确定了前面所说的那种染法。也就是说，我们用的材料和以前数百年前的基本上没有区别，染布方法也是一样的。

只不过，我们稍微比较轻松的一点是，我们不用通过烧木材来生火，而是用煤气来加热；不是用木桶，而是用不锈钢容器；也不需要亲手汲取地下水，而是利用电动机来打水。

就像这样，我的染坊尽可能地沿袭日本自古流传下来的技法，学习先人们的染法，努力再现传统的色彩。

由于在这之前我所从事的工作非常繁忙，需要到处走动，

关于古法染色，我们参考的是《延喜式》的木版折本

因此对染色所花费的时间，感觉异常漫长，到了作坊里，也很难做到凝神静气。而且，在三十分钟的时间里用同样的姿势运动手臂进行染色之后，整个身体都非常痛苦。有一段时期，我一直在想各种各样的办法，看看有没有更加合理的做法，至少制造一个让染色工作变得更加轻松一点的机器。

从我父亲那一代开始便长期从事染色工作的福田听了以后基本上是一脸的惊讶，但不管怎样，是福田研究了用机器代替手臂进行翻布的机械装置，并替我向生产机械的工厂订货。

用板染（将本色布料夹在木板之间，通过压力防止染料的渗透，染出花样的染色法）进行染色的我以及在后面做染饰的福田

那个时候，我认为不论是绢布、棉布还是麻布，都可以用这台机器很好地进行染色。

然而，本应该染成无花纹、一种颜色的绢布，有很多地方渐渐出现了斑纹而不能作为商品销售。

想了各种各样的原因，结果发现是因为绢的每一根丝线都非常纤细，与其他纤维相比，吸收色素的速度比较快。由于丝具有这样的性质，随着机器的动作翻转之后，绢布上就逐渐出现了斑纹。

如果是用手翻转绢布的话，就完全不会出现这样的情况。虽然熟练了以后，人的手能够像机器一样非常流畅地运动，但事实上，就像调整节奏一样，只要稍微有一点点的快慢变化，就会产生不规则的动作，这样的染色效果反而很好。熟练的手臂能够做出微妙的调节。

我的这个机械化的尝试，差不多在一周的时间里就出现了斑纹。福田的惊讶表情是对的。

不过，比较宽的棉布和麻布在短时间内是很难染上色的，所以就留下了慢速旋转的机器，到现在还在用着，不过生产量只达到我最初计划量的三分之一而已。

换言之，就像福田一直以来都是长时间默默地翻动手臂那样，要让布料在大型容器里舒适、充裕地游泳，要想染出美丽的颜色，这种高难度的技术无论如何都是必要的。

　　我的作坊里的景象，和江户时代以前的那些染布匠人的作业场景基本上没有什么两样。其中仅仅多了电和煤气这种现代的产物。

第一讲

『衣食住』的衣

穿衣与原始布料的保暖性

动物有靠皮肤与体毛在外界变化中保护自己身体的功能。然而，人类在进化的过程中，好像并没有让这个功能得到发展。

于是，就要考虑"穿"的问题。

我们的祖先生活在温差较大的日本列岛上，首先是要通过狩猎与采集来获取动物的皮毛和植物的树皮，并加工制作出原始的"衣服"，用来调节温度保护皮肤。不久，人类开始种植稻子，用稻梗做成蓑衣，此外，还耕种那些容易做成织布的麻、楮等植物。

"衣"有两个方面的作用：

一方面是前面所说的保护身体的作用，需要保护自己的身体免受风雨、冰雪、寒冷、光照、害虫等问题的伤害，避免摩擦或者遭到有刺物体的伤害。

另一方面是社会、文化意义上"装饰"之用。首先是把凸显性征的部分遮住，随后就要装饰得美丽、丰富，再进一步就是彰显身份和地位。此外，为了标识自己所属的职业群体，要穿着军装或工作服（制服）等统一样式的衣服。

而且，在仪式上的装束也会随着信仰上的约束而区别于日常穿着的衣服。

在世界服装文化的发展过程中，有各种各样的纤维被作为材料进行试验。在日本、中国、朝鲜等这些国家，苎麻、大麻、构树等作为植物纺织品的材料在生活中得到使用，砍下长好的树茎，剥掉外皮，将内皮细细撕开，做成丝线。

另外，住在山里的那些人，也同样把山林里繁茂的藤蔓做成丝线。然后用手编织这些丝线。在这些方法的基础上，为了更有效率地、大量地用丝线来制作布料，人类开始考虑将木材组装起来做成织布机。

在织布机上拉上经线，让它上下交替运作，穿入纬线之后，就能织出又长又均质的平织布料。

这是最基本的织布方法，过了不久，人类就给经线和纬线染上颜色，花功夫钻研编织方法，制作出美丽的有色布料与纹样来。

阐述这样的事情，可能会给人一种感觉，认为我只是在回顾历史事典中的一个项目，而且只是在回顾很早以前的事情。在日本，这类与数千年前一样的"原始布"，虽然已经成了极其细小的脉系，但是时至今日也依然在持续生产，这样的事实，希望大家能够了解。从弥生时代以来，日本人一直穿的布料，仍然存活着。

原始布又称"自然布"，是人们从原始时代开始制作衣服的布料，就是将草茎和树皮剥下来做成丝线，通过编或织的方法做成的土布。（参考彩页）

这些原始布当然是绢布和棉布以前的东西。绢的出现是源于养蚕的技术，这种技术传到日本，大约是两千年前的事情。此外，现在我们生活中不可或缺的木棉，是到了近世[1]初期日本才开始生产的。

我们的祖先采集麻、藤、华东椴、葛、构树等植物的树茎与树皮，将皮剥下，撕成细丝进行纺制，拧成一根纱线，再将纱线装在织布机上，最后将织好的布穿在自己身上。

---

1 近世（early modern period）：历史学上的一种分期法。在日本，一般是指安土桃山时代和江户时代。

用来做布料的那些植物，例如丹后半岛山区里的藤，新潟、山形山村里的华东椴，北海道阿伊努族的裂叶榆，在冲绳则是芭蕉，等等，就像这样，都是每一片土地的自然风土养育出来的东西。那么，尽管各个地方那些特有的手工艺，由于明治以后兴起的现代化发展而逐渐消失，但那些仍保留着特有手工艺称得上是"残像"的地区仍然分布在日本各地。

现在，从事这些手工艺制作的人，基本上都是女性。

而且她们都是那种六十岁以上的人。平成十五年（2003），因外出取材旅行的机会，我遇到了一些女性织工，据说她们出嫁以后，夜里不管到了多晚，只要婆婆没有停，自己就要连续不断地织布。而且，早晨也是天没亮就要坐到织布机前。她们说，冬天的时候，用水浸湿的纱线往往都结了冰。

不过，现在她们对着织布机是很开心的，可以说像被赋予了某种神圣的职责一般。在我参观她们的工作期间，她们当中没有一个人离开织布机静坐休息的，她们的身体和手始终在动，有的时候会保持着这样的节奏和同伴聊天。这大概就是长期以来完全长在身上的手艺吧。

因为这次的采访，我才有机会接触到以前在这个地方织出来的布料。古时候，这些布料要么用来交税，要么用来物物交换，或者穿在家人身上保暖，也是人们生活中的一种粮食，这些纺织品全都是在远比今天严峻得多的生活中，承受着过于残酷的劳动而织出来的东西。

这一匹一匹的布料，完全没有花鸟之类的华丽图案与色彩，充其量就是一些条纹或格子状的图案，或者就是像飞白花纹那种单纯的几何图案。但是，每种布料都散发着庄严的光辉，即便是现在也应该称之为"用之美"。触摸这样的布，人体皮肤的那种温暖便会一点一点地传达出来。

木棉与绢——"纺"与"捻线"

"木棉"这两个字应该读作什么呢？

读作"もめん"（momen）吗？

这么读当然也可以。但是，"もめん"这种读法，指的是用长在棉树种子周围那些密密麻麻的纤维纺成的纱线。在日本，桃山时代以前，这样的木棉是不存在的。

因此，中世以前，"木棉"这两个字读作"ゆう"（yuu）。

这个"ゆう"指的是除了苎麻和大麻以外的构树、藤、华东椴等植物的树皮纤维，说难听点就是韧皮纤维做的纱线，或者是用这样的纱线织成的布料。

在《魏志·倭人传》[1]中，有关于卑弥呼为女王时的邪马台国的记载。这里我从岩波文库中引用了一段，我们来看看其中的内容。

"男子皆露紒，以木棉（もめん）招头。其衣横幅，但结束相连，略无缝。"其中标注了假名，但这个假名标错了，应该注为"ゆう"。

这句话之后又写道："种禾稻、纻麻、蚕桑、缉绩，出细纻、縑绵。"

也就是说，卑弥呼的那个时代，就已经栽培"纻麻"或大麻，用"木棉"、藤、构树这类纱线织布，并穿在身上或包在头上。另外，那时候"蚕桑、缉绩"已经从中国传过来了，人们学会了养蚕，从蚕茧里提取丝线并织成绢布。

应该可以确定，一千数百年前日本的普通老百姓穿的是麻或者藤、构树等做的木棉（ゆう），而卑弥呼这样的女王和她的亲信侍从穿的则是绢布做的衣裳，恐怕绢布上染的颜色是丰富多彩的，如红花或茜草的红色、蓼蓝的蓝色、青茅的黄色，以及紫草根的紫色等（参考彩页），整件衣服仿佛散发着光芒。

---

1 《魏志·倭人传》：日本对于中国史书《三国志》中记载魏国历史的《魏书·东夷传》（通称《魏志》）中"倭人"条的统称。该书为西晋的陈寿所作，是现存对古代日本的情况最早的记录（约成书于280—290年）。

红色系的重要染色材
料红花

　　绢是动物性纤维，所以它的属性决定了各种各样的植物
染料都能很轻松地染在上面，能够表现出非常艳丽的色彩。

　　还有"纺织"这个词语。有仓敷纺织、钟渊纺织这样的
公司名称。现在，前者读作"クラボウ"（kurabo），后者从
以前的读法"カネボウ"（kanebo）变成现在的"クラシェ"
（kracie）。不过，年轻人也许并不知道，那个"ボウ"（bo）
就是"纺"，也就是"纺织"的意思，而这两家公司本来都是
纤维公司。

　　木棉开花之后，上面会结出果实，长出种子，种子外面

长满了棉，将种子包住，起到保护作用。人类就将棉采集起来加以纺制，也就是缠绕（旋绕在圆盘状物体上）起来，做成长长的纱线，再将它织成衣料。现在，木棉的原产地被认为有两个地方，一个是印度，另一个是南美洲的秘鲁。

此外，绢的丝绵（丝绵是从蚕茧中拉制而成的。对碎茧等进行利用）也用同样的方法进行纺制。这样的产品则因为结城绸[1]等名称而广为人知。更进一步来说的话，自古以来就被用作游牧民族的衣料的羊毛，也是将羊等动物的毛剪下来，纺制成棉线一样的东西。

另一方面，用麻、构树的树皮（内皮）制作纱线的做法叫作"绩"。

这个方法首先是将麻、构树的树皮，或者芭蕉的纤维撕得很细很细。由于这样的线只有植物本身的长度那么长，所以要将这些线的首尾接起来，捻搓成长长的纱线。这样的做法叫作"绩"，最后，将这些纱线编织成布。

纱线这种衣料的基本材料可分为两个种类：一种是像棉

1　结城绸：一种丝织品，主要产地是日本的茨城县、栃木县。它是日本重要的非物质文化遗产，因近现代的技术革新，主流是以细微条纹为特色的顶级产品，而本来则是一种坚固的纺织品，随着花纹的精致化，丝线变得越来越细，现在多被形容为"轻柔"。从奈良时代开始，高级纺织品一直都是在结城市、小山市等地制作。

岐阜县旧丹生川
村的"结茧"

花、羊毛那样"纺"成的东西，一种是像麻类、构树类那种"绩"成的东西。因此，纤维公司的名字就变成了"某某纺织"。

更重要的是绢。

众所周知，绢是人类对蚕的一生——吃桑叶变成蚕蛾——的巧妙应用，是中国古代的一项伟大发明。

蚕从蚕卵中孵化成幼虫，然后经过一龄、二龄的蜕皮，逐渐成长，不久之后便结成蚕茧，便在蚕茧里休眠。这个蚕茧就是由蚕的幼虫吐出来的长达一千米左右的细丝将自己包裹起来的东西。观察到了这个变化之后，人类就用自己的手将蚕丝从蚕茧中提取出来，然后给这样的蚕丝染上颜色做成纺织物。

将蚕丝从蚕茧中抽出来之后就变成长丝的状态，而且因为是从蚕的嘴巴里吐出来的蚕丝，所以基本上没有什么粗细上的不同。在织布机上织，实在是非常方便的事情。

　　而且，蚕丝里面含有很多动物性蛋白质，一如前文也提到的那样，对于动物性纤维，植物染料比较容易染色，因此蚕丝能够呈现出美丽的颜色。

衣服的修补与正仓院的袈裟

东大寺正仓院的仓库里，据传有为数众多的宝物，其中最重要的物品，就是光明皇后在圣武天皇驾崩后献纳给东大寺的那些天皇心爱的遗物。这些物品在《国家珍宝账》（国家珍宝帳）这个目录中都被一点一点地记录下来了。

其中就有一个名为"七条刺纳树皮色袈裟"的东西，这被认为是圣武天皇常于身边使用的衣物。

这个袈裟是由织物断片拼接而成的，这些断片被染成紫色、蓝色、黄色、暗红色等多种颜色，用针缝成细密的直线，简单讲，就像是把刺子[1]和拼布这两种做法组合起来一样，或

---

1 刺子：指将棉布重合起来，按照几何形的图案，一针一针细密地缝起来，也指用这种方式缝制成的东西。

者也可以说融合了这两种技术的原型。这种将织物断片拼接起来的形状，看起来宛若遥远的群山连在一起似的，因此又被称作"远山袈裟"。（参考彩页）

此外，袈裟的开头部分，先说说以下这样一段话。

释迦牟尼的弟子们希望确定一种能够区别于其他宗教教徒的衣裳。于是，释迦牟尼不允许他们制作奢侈之物，建议弟子们就将身边抛弃的衣服及破烂的织物断片捡回来，用针缝合成一块布，做成衣服。因为是把那些已经沦为与粪便或尘土一起的碎布集合起来做成一块布的意思，所以这样的衣服也叫作"粪扫衣"。据说这就是袈裟的源起。

然而，从释迦牟尼时代开始，历经时代变迁，佛教传到了中国，而后流传到日本，结果，袈裟也偏离了它本来的意义而逐渐追求更高的装饰性。在这样的背景下，留在正仓院中的这件袈裟也极尽往时染色技术之所能，被装饰得异常华丽。

再则，将布片拼凑缝合成一块布的拼布行为，历史非常久远，早在五千年前的古埃及，就已经有这种现象了。尤其是17世纪到18世纪这段时期，拼布的做法在欧洲非常盛行。

不论是袈裟还是拼布，这些都是"修补精神"的体现，不过，在现在的消费社会里，衣服成了大企业生产的商品，外形落伍了或者稍微有点破了的话，完全就被当作垃圾来处理了。袖子会摩擦皮肤或者胳膊肘那个部位变薄了，开绽了的话，对这些地方进行缝补，我觉得是理所当然的事情。可是，当今愿意在衣服这种以便宜的价钱买回来的消耗品上面花费这样功夫的人，应该已经不存在了吧。

可是，哪怕对一小块织物断片都非常珍惜，并且着手加以再利用，哪怕只是为了让它看起来比较美丽也要花费各种各样的心思进行加工，这样一种高超的构思、修缮的精华就体现在正仓院里的袈裟上，体现在这样的拼布技术上，至少我们也应该了解一下这样的精神吧。

贵重纤维——木棉

日本的江户时代也能看到这样的修补精神。

这就是被称为"刺子""小巾刺"的东西。曾经最为盛行这些东西的北方地区，以"南部刺子""津轻小巾"而闻名。

一如前文所述，在江户时代以前，日本是不生产木棉的。到了木棉栽培在日本国内大为兴盛的元禄时期，在寒冷的东北地区木棉也仍然难以存活，因此，东北地区不得不靠穿麻布那样的粗布过冬，那是非常艰苦的状态。

渐渐地，西日本开始生产保暖性良好的木棉，而对于在北方地区生活的人来说，这就是一种让人羡慕的布料。

当时，据说在东北地区的山区里，当地人用三反自己织的麻布，才能换来一反旧衣服的木棉。

所谓三反麻布，就是一位女性花一整年的时间才勉强织好的量。可即便如此，穿上木棉的那种喜悦，尤其是在寒冬腊月，应该是当地人最想拥有的。木棉制的衣物既能够紧紧地包裹住身体，清洗起来也很轻松，而且还容易干。

可是，直接使用木棉这种布料是一件非常奢侈的事情，所以要将布料分解开，恢复成纱线，再用针缝缀，让尽可能多的衣物能够用到木棉。

即便买不到大块的木棉布料，起码还有木棉纱线，用这样的纱线一根一根地将麻布缝在一起，那个部分也会变得厚一点，产生保暖作用。当地人就是带着这样的愿望一针一针地进行缝制的。"津轻小巾"等衣物，就是肩膀部分和后背部分用木棉纱线缝制的，也是相同的原因。

还有"裂织[1]"这样的布料。将一块木棉布料细细地切分开来，变成粗纱线一样。然后，以这样的线作为纬线，织在装了经线的织布机里，这样一来，就可以织成比较厚的布料，作为农用工作服，保温性是很好的。

就这样，对于生活在北方地区的人而言，木棉真的是一种非常贵重的纤维。

---

1 裂织：指将用旧了的布料，撕成细小的布片，再与麻线等一起织成的二手布料。

日本人常穿直线裁剪的衣服，是从弥生时代开始的。不过，这样的"衣服"原型，却是用了将布缝合起来的做法。因此，要将成衣进行分解，再进行修补，做成被褥，撕开、分解成纱线等，之后就会被再次使用，换句话说，应该可以称其为"回收行为"的祖宗吧。

穿纸衣的文化

如果想想纸在我们生活中的用途，扫视整个房间，不管怎样都会把目光放在纸巾、便笺纸、日历、笔记本、书籍及报纸等印刷品上面。

但其实还有"穿纸"这样的事情。

这样的衣服，汉字写作"纸衣"，读作"かみこ"（kamiko）。

穿纸衣这样一种风俗习惯，也仍然是源自中国。在唐朝就有关于只穿纸衣进行修行的禅僧的记载，显然纸衣是当作僧衣来使用的。在日本也是如此，很早以前就有纸衣了。

每年3月1日到15日期间，在东大寺二月堂都会举行一个名为修二会（汲水仪式）的仪式。这个修二会，据传是天平胜宝四年（752）由东大寺的开山鼻祖良弁[1]的高徒实忠[2]于旧历2月1日开创的，到今天为止的一千两百五十余年来，这个仪式从来没有中断过。

良弁和尚的忌日12月16日这一天选拔翌年参加修二会的修行者，2月20日开始，进入预备的前期仪式"别火"，正式的仪式则是在3月1日这一天开始移到二月堂，向供奉于堂内的秘佛本尊十一面观音祈愿国家安泰、五谷丰登等，严格地进行祈祷。那个时候，修行者们身上墨染的麻衣下面，穿的就是纸做的衣裳。（参考彩页）

这是从第一次举行这个仪式开始一直延续到现在的装扮，考虑到这一点，就明白纸衣的历史可以追溯到大约一千两百五十年以前。而且，比这个时代稍微晚一点，据说那个时候在比叡山修行的天台宗僧人大多是穿纸衣的。这个情况，东本愿寺的第二十三代法主大谷光演[3]的俳句写道：

难能可贵者，祖师身着纸衣九十载。

1　良弁：689—774，奈良时代的华严宗僧侣、东大寺的开山鼻祖，常被称为金钟行者。
2　实忠：726—？，奈良时代的僧侣，被认为是东大寺十一面悔过（俗称取水）的创始人。
3　大谷光演：1875—1943，明治到大正时代的净土真宗僧人、俳句诗人、画家，俳号句佛。东本愿寺第二十三代法主。

句中咏道，为了学习天台宗佛学而在比叡山修行的亲鸾上人也身着纸衣，故而我们穿了太多的好东西。从这里面也可以了解到当时的情形。

此外，漂泊的歌圣西行也穿着涂了柿漆的纸衣踏上旅途。柿漆的防水性好，不沾水，就像现在的雨衣一样。在《西行物语绘卷》（西行物語絵巻）的前言中就记载了他这样的形象，在《山家集》杂集中也有写道：

　　身着薄薄的柿纸衣，口中如此说道，驻足而立。知其优也。

纸衣是用以构树为材料抄好的纸张做成的，非常结实牢靠。

自古以来，宫城县白石市的远藤家（白石和纸）就是和纸的产地之一。抄纸的时候，一般是纵向摆动，也横向摆动纸帘[1]。这样，纤维就会纵横牵连在一起，从而变得结实。纸衣用的纸抄好以后，要在上面涂一层魔芋糨糊，进行揉搓，然后再涂，如此反复地进行操作之后，纸张上的起毛现象也得到了很好的控制，即便是揉搓摩擦也很不容易破。纸衣揉搓之后，会

1　纸帘：捞纸的工具，纸帘一般由帘子、帘床、帘尺等部分组成。

变得非常柔软，就变成了一块布料，穿在身上感觉非常舒服。

东大寺二月堂的修二会上，纸衣涂上琼脂，将纸连接起来，做成一反大小，然后用它裁剪成衣服。

就这样，古人穿着纸衣的理由之一就是穿着植物性之物这种斋戒精神，另一个原因就是保温性。到了冬季，我有的时候也会在作坊里制作纸衣来穿，穿着这样的衣服，就算骑自行车，风都进不到纸衣里。一般的纤维是通风的，而纸是无纺布，是没有缝隙的，所以是不通风的，要是加入棉的成分的话，那就更暖和了。

这样的纸衣并不是只有僧人才穿的，丰臣秀吉、德川家康、上杉谦信等这些战国武将也都穿过。这样的纸衣不仅有助于防寒，而且也体现出某种时髦的感觉，上杉谦信所用的柿漆染纸衣阵羽织[1]，袖子的边缘用的材料是从中国进口的，紫色质地，金色边线，非常华丽。

还有生产一种叫"纸衾[2]"的纸被褥。这是以纸做成被套，里面塞的是稻草，重量轻，保温性好。

另外，还有一种叫"纸布"的东西。这是将纸分解成丝

1　羽织：一种长及臀部的日本和服外套，穿在小袖之上，一般用以防寒和礼装。在战国时代，这种外套穿在铠甲之外用作御寒。阵羽织就是武士在阵中使用的羽织。

2　纸衾：以和纸为材料做成的寝具。

线之后织成的布。将纸平直干净地抄好，以相同间隔进行开缝，再将它放置在滑台上摆动双手，让纸变圆，像纸捻一样。两端相连，将它捻起来变成线。将做成纸捻的东西进行编织，做成的东西就是纸布。此外，一般的做法是，以绢丝、棉线或者麻线为经线，纸线作为纬线织入。

以前，到了夏天，就会挂起麻布做的透明蚊帐，以防止蚊虫进入，而北方的寒冷地区到了冬天，就会挂"纸帐"这样的东西。东北地区及北方地区的房子里都很冷，而且房间没有隔断，非常宽敞，所以有挂纸蚊帐的风俗习惯。纸蚊帐里面放入取暖之物后，就成了一个用纸包围起来的小空间，的确非常暖和。

春寒笼身纸帐中，不食尽享风之韵。

这是斋藤茂吉[1]吟咏的一首和歌［和歌集的名字为《高原》（たかはら）］。

再进一步说的话，纸也有被做成容器的。

将数张纸叠在一起，然后往上面涂漆。所谓"一关张"，就是用纸做茶碗或者枣形茶叶罐。表面上看不会想到是用纸做

---

1 斋藤茂吉：1882—1953，日本诗人、精神科医生。

的，却是一种比木制品更轻的器物。

"纸衣""纸衾""纸布""纸帐""一关张"……

虽然现在我们一说到纸，就会有一种强烈的意识，认为这就是消耗品，但实际上，纸的用途具有极其丰富的多样性，曾经是一种在"衣食住"的生活中经常被人用到的东西。希望大家能够意识到这一点。这也是古代日本的优良传统。

和纸再考

前文我介绍的这些纸张的不同用途，全都是用和纸做成的东西，并不是现在存在于我们周围的西洋纸。

工业革命之后，人类发明了新的技术，从木材中提取纤维素纤维，将这样的纸浆放在机器中抄制，这种技术也被引进到日本，于是就开始大量生产现在这种由机器抄制的西洋纸。与此同时，长期培养起来的那种手抄和纸的生产方式则逐渐减少。

可以说，在任何一个领域里，都存在着这样的问题。当然，我并不是说所有的事物全都回到古代就万事大吉，但是重新认识我们曾经拥有的传统对接下来的文化而言是非常重要的。

手抄的和纸只有在浸湿的时候才会变得不结实，干燥之后又会恢复原来结实的状态。

然而，由纸浆做成的西洋纸，一旦被水浸湿了之后，就回天乏术了。

再加上纤维比较短的缘故，把纸接起来的时候，不管怎么样都会有几厘米是重叠。可是，把和纸接起来的话，是能够做到让人看不到接缝的。

这就叫作"咬合"。

和纸的纤维比较长，用手撕开纸的一端，稍微露出一些纤维的尖端。将连接用的纸张上的纤维尖端用糨糊互相粘合起来以后，那个接缝处几乎就看不出来，变成一张完整的纸。

这样的技术是在裱糊匠、裱褙匠手中流传的，可以说这是和纸的特色。我也希望能有更多人了解这种技术。

长期以来，在日本发展起来的和纸技术，在手机领域中也发挥了作用。关于这样的故事，我是在《和纸与手机——因尖端科技而复兴的传统技艺》（和紙とケータイ——ハイテクによみがえる伝統の技，共同通信社编辑委员会编，草思社）这本书里面读到的。

金银之类的金属可以敲薄拉长，相较于此，和纸自古以来一直是用那种在柿漆、漆或者蛋清中浸透的纸来做的。然后夹着金箔，反复进行敲打，让它变薄到极致。

"新嫁娘为何一边绑着金襕缎带一边哭呢"，蕗谷虹儿的这首《新娘玩偶》（花嫁人形）是一首广为人知的童谣，其中说到的金襕这种纺织物，是用金襕丝织成的豪华之物。

这种金襕丝是如何制作而成的？那是用距今一千多年中国宋朝时期出现的一种技法，将金属敲打拉长成极薄的金箔，再将这样的金箔盖在薄薄的纸上，使金箔变得结实，再细细地切成丝线一样的东西。这样的金襕丝织进绢布中，图案就表现出来了。

最初，日本是需要进口这样的金襕织品的，很快，这样的技术就从中国传到了日本。大约从桃山时代开始，大阪的堺和京都的西阵这些地区也开始制作这样的金襕织品了。

手机和电脑中的线路是非常复杂的，因此需要用极其纤细的东西才行。集成电路中，就应用了金襕丝这样的技术，将覆盖在和纸上的金属敲薄拉长，切成丝线一样的东西，于是到处都用上了这样的丝线。因为金属连接起来以后，就能够导电，不管是什么样的线路都能用得上。

手机中也会使用和纸的技术，就是因为这个缘故。

回溯纸的历史

从"衣"和"布"的话题跳到穿纸衣的话题上之后，接下来，我想稍微谈谈纸的历史。

现在，假如我们要读《论语》这本中国古代集大成的经典著作，就会打开用纸印刷的书籍来阅读。可是，如果你好好想想的话，就会注意到《论语》被编纂好的那个时代，是没有纸的。

孔子是一位生活于公元前551年至公元前479年这个时期的人物，那时候弟子们估计是通过口口相传的方式来传播孔子的思想吧。或者将文字书写在用削成薄片的木头做成的木简或竹简上的。距今两千五百多年前，才有了将绢丝或者麻线织成一张布帛的技术，估计是从那之后，这些思想才被记载下来。

说起布和纸，到底是哪一个先被发明出来的。那还是布先被发明出来的。

纺织物在四千多年以前就已经有了。最初是将木皮内侧的纤维撕成细条，做成丝线，再将之织成织物。正如前文所述，这就是麻布或者用藤、构树、华东椴制作而成的布料，统称为木棉。

据说，纸是由蔡伦这位中国东汉时期的宦官于公元105年左右发明出来并献给皇帝的，不过，这只是传说。根据近年来的研究，目前最早的纸出土于中国甘肃省放马滩，是一张描绘了西汉时期的地图的纸，据推断，大约是公元前150年的东西。可即便如此，与孔子的那个时代相隔还是很遥远的。

那么，纸究竟是怎样被发明出来的呢？

这是源自洗涤。

要洗掉污渍，水就必须是碱性的，将燃烧木头与叶子的灰溶解于水中，把衣服浸泡在这样的溶解液里清洗，就能很好地洗掉污渍。

有的时候，将永久的麻布放入灰汁中洗好。这样一来，纤维就变得破破烂烂。这时候，估计就要用网来捞吧。然后一边摇动网一边从水里提起来，之后纤维就连接在一起，变成了像纸一样的东西。于是就发明了这样一种技术，把破破烂烂的布收集起来，搅碎、浸泡在灰汁里，做成纸。

因此，发明纸的契机就是洗涤，是用碾碎的破布抄成的。不久之后，人们在用麻线织布之前，已经明白可以把树皮内侧的纤维泡在灰汁里，碾碎、捣烂了之后，做成纸张。

只不过，如果只是把纤维碾碎捣烂浸泡在普通的水里的话，就会沉下去无法抄纸。所以，就想出了往抄槽里加黏稠剂，让那些纤维变得黏糊糊的，能够长时间地浮起来。

换言之，就是碾碎的材料放进去之后就算搅拌，如果不能马上抄纸，也会沉到水底。刚开始的时候，是做了搅拌、抄纸、搅拌、抄纸的动作，但是有人知道了材料在稍微有点黏稠的液体里面浮起来的时间会比较久的情况之后，就放在那个位置进行抄纸，结果能够多抄出很多纸来。

在中国，最早的时候用的是麻，之后就知道用构树做材料也很有效，再接下来，就开始用雁皮和竹子了。在日本，使用黄蜀葵的根做黏稠剂来抄和纸。

与木头和竹子的薄板（木简、竹简）相比，纸明显要轻得多，同样的东西能够大量生产。由于纸的产量的提高，中国的信息传播开始加速，法律和官方公报也能够传达给更多的人。同样，文学、哲学、宗教也得到了普及，也就是说，纸让国家变得更加繁荣，促进了文化的发展。

此外，在古埃及，人们把文字雕刻在罗塞塔石碑之类的石头上。古希腊文明中，是把文字刻在金属上，美索不达米亚则是雕刻在黏土上。

在西方文明中，最接近纸的东西是由纸莎草（Cyperus papyrus）制作的。古埃及从公元前两千多年前开始使用这种纸，到了公元七八世纪，在欧洲也开始使用。这是以生长在尼罗河边上的纸莎草作为材料，将这种草的皮的纤维剥去，将它排列成格子状，固定好，做成纸的样子。纸莎草也就成了英语中"纸"的词源。不过，跟纸相比，不宜大量生产，也不能做成形状均一的东西。

而且，在欧洲，除了纸莎草之外，也会将动物的皮拉长，做成牛皮纸或羊皮纸。譬如，《圣经》等经典书籍就是写在羊皮纸上的，不但非常重，而且厚薄也不统一。

纸在日本的普及

在佛教的发祥地印度，为了书写经典，用的是"贝多罗叶[1]"这种植物的叶子，将叶子晒干之后，刻上文字。这就是所谓的"叶书"的由来。

差不多就在佛教东渐传至中国的时候，中国发明了造纸术，并在纸上书写经典。相比之下，纸张就显得轻便得多，也易于搬运。僧侣可以带着书籍去各个地方，传播佛法。因此，佛教得到迅速普及。

---

1 贝多罗叶：贝多罗，梵语 pattra 之音译，略称贝多、贝叶，乃供书写资料、经文之树叶。纸尚未发明以前，古印度以此作为纸类之代用品。现今南传佛教地区亦有用贝多罗书者。pattra 虽为一特定植物之名，其学名为 Laurus oassia，然亦指一般植物之叶，或书写用之树叶。其中，最适于书写者，为多罗树之叶。

佛教于 552 年（也有一种说法是 538 年）经由朝鲜半岛传到日本。这之后，据说是在 610 年（推古天皇十八年），由高句丽的僧侣昙征将纸墨带到日本。这里指的主要是造纸术，按照通行的说法，纸传到日本的时间要更早一点，大约是 5 世纪的事情。

甚至，墨的原型要更加古老。朱或者墨这样的颜料，哪怕在日本也是绳文时代就已经开始使用了，用墨水在木简或竹简上写字，是众所周知的事情。

也就是说，以中国为中心的朝鲜半岛和日本的文化特征可以说就是由纸及之后要讲述的绢创造的，这些技术的发明与传播给后来的文明发展带来了巨大的影响。

在日本，造纸术从传入到普及在很短的时间内就完成了，从飞鸟时代到奈良时代，日本相当多的地区都已经掌握了抄纸技术。在日本人的手上，由于能够获得大量的构树、麻布等纸的原材料，纸张的精巧性得到了进一步提高。

此外，给纸张上色的做法，中国在相当早的时期就已经开始做了，日本在纸张普及了之后，马上也开始给纸张上色。纸的染色有两种方法，一种是在抄好的白纸上染色，一种是先给造纸材料染色，然后再抄纸。

"黄檗经"（黄蘗経）这种经书古代流传下来很多。这种经书的纸张就包含了黄檗这种芸香科树木树皮内侧的黄色素，把这种树皮进行炖煮，抄制成有色纸，用来抄写经文。

要说黄檗的好处是什么，那就在于防虫效果好这一点上。为了提高保存性，所以才用它作为经书用纸。而且，墨水的颜色在黄色的底色上，显得非常漂亮，这也是一大优点。

在敦煌等西域地区发掘出来的纸中间，就以这种染成黄色的纸张居多。在日本，奈良药师寺中保存的中国传来的鱼养经就是一个代表性物品，而正仓院中则收藏了很多黄檗经。

除此之外，有色纸中还有用蓝色染制而成的"蓝纸"，更高贵的是"紫纸"这种用紫草根染制而成的纸。它们都是用金泥或者银泥来撰写经文的。

大乘佛教装饰性比较强，寺院里的建筑物及其内部装修，甚至僧侣们穿的袈裟也都变得非常华丽。同时，经典典籍也做得非常华丽，不仅用墨水写，还用金或者银来书写文字。

这样一来，在白纸上写的话就没有效果，所以也用蓝色、紫色进行纸的染制，于是，纸也具有了装饰性。传到日本以后，逐渐就有了"蓝纸金泥经"（绀纸金泥经）和"紫纸金字金光明最胜王经"（紫纸金字金光明最勝王経）。（参考彩页）

另外，说到"重抄"，就是把那些没有用处的写了字的纸张再一次搅碎，再进行抄制，也就是再生纸。这样，之前写字的墨水还会留在上面，于是就成了淡墨色的纸张。

还有一种纸的用法叫作"散花"。

散花就是僧侣们配合声明[1]念唱，从篮子中将仿制莲花花瓣的纸花抛撒出去的行为。据称只要这样的纸花触碰到身体，人就能够往生极乐净土，于是信徒们争相散布这样的纸花。莲在泥潭中生长，从水面上伸出叶片，绽放白色或红色的花朵。由于这种出淤泥而不染的性格，莲花成了佛教的圣花，佛像也是坐在莲花座上。

在日本，抄纸技术的提高，与写经、法律、户籍、通告、诗文领域的拓展，甚至与识字率的提高都是密不可分的。也就是说，纸是国家发展与成熟的一个非常重要的基础。

纸在向西方传播的过程中，首先是抄纸技术在阿拉伯的那些伊斯兰国家中得到传播，之后通过阿拉伯人开始沿着地中海沿岸传播，这个路线就是一条纸之路。西欧自 10 世纪以后才开始有造纸术，西班牙是在 12 世纪，在德国则是差不多到了 14 世纪，才有了抄纸的技术。

那么，在日本到了平安时代以后，就像《源氏物语》中

1　声明：日本佛教圣歌，佛经上加上节拍的一种佛教音乐，用于礼仪。

所描述的那样，王公贵族中间非常流行通过咏诵和歌来传递爱情，于是更要追求华丽的纸张了。

诗歌集或者小说等，抄写在纸上，在人们之间传阅。将金砂或银砂（把金箔或银箔做成粉末状的东西）撒在纸上面，或者在纸上做成波纹纹样，抄制用红花或紫草染就的带有华丽色彩的和纸，纸的装饰性逐渐开始发展。于是就出现了"纸屋院"这种类似国立造纸、加工场所的机构。

至今依然存留的物品中，一个代表性之物就是流传到西本愿寺的国宝《三十六人歌集》，这可谓是王朝时代造纸美学上的一种极致。

贵重纤维——丝绸

谈论"衣"的话题，结果跑到了有关纸的事情上去了，现在我想回到我的专业领域——染色的话题上来。

植物染的工作，面对染料素材是理所当然的事情，而且也必须要面对染色的对象——纱线和布料。

为了呈现紫色，我遍访日本各地，寻找优质的紫草根。为了弄清楚红花的生长情况，我去了伊贺上野和山形地区。与此同时，对于被染色的那些纤维，我需要留心的是，日本的什么地方生产什么样的丝绸，名为上布的是纤细上等的麻布，越后或者南冲绳、宫古岛那里的东西质量如何，木棉还是印度产的比较好，等等，从日本本土到海外的世界各地，只要我不留心，就找不到好的布料和纱线。这也是一项非常重要的工作。

纤维从大的方面可以分为两类：一类是动物性纤维，一类是植物性纤维。

某种纤维对人类而言是否合适之物，这是因人类生活的自然风土的不同而不同的。因此，对某种纤维而言，总有什么地方是不合适的。在没有文化交流的时代里，像印度的木棉、中国的麻、游牧民族的羊毛等，都是在该地区的自然风土所养育之物中进行选择并加以使用的。

不过，有一个重大的发明出现了，那就是丝绸的诞生。

据说，这个发明可以追溯到中国最古老的夏王朝之前。

那时，有一位因为给人们带来文字、音律、医学、算数等知识，让人们的生活变得丰富多彩而备受尊崇的中华民族的始祖——黄帝（约公元前 2717 年—约公元前 2599 年），据说最早开始养蚕的人就是他的元妃西陵氏。这估计就是个传说吧。

西陵氏看到生活在山林里的飞蛾的幼虫吐丝结茧，便采集了这些茧回来玩耍，在玩耍的过程中茧偶然掉进了热水中。当她把茧从热水中捞起来的时候，便发现有一根蚕丝缠绕在手指上，便没完没了地牵引勾拉。这个丝线又细又美丽，从一粒茧中可以无限地缠绕下去。

这就是绢被发现的过程。

于是人们就打算把这根细丝线做成纺织物，做成人们的衣服。

刚开始的时候，估计是要去采集山林中的那些飞蛾的茧吧，结果，人们在这些飞蛾中选择了生活在桑树上的野桑蚕进行饲养。

养蚕，也就是对蚕进行养殖。所谓家蚕，就是人们在家里饲养虫子。在这里我们能够看到古时候人们与虫子、植物共同生活的状态。

这个黄帝时代的故事有一种传说的色彩。不过，在距今将近3600年的殷商时代，养蚕这个事情是确确实实存在的，现在出土的那个时代的甲骨文中就有"蚕""桑""帛"等文字，青铜器或者壶之类的器物上，也可以看到附着在上面的丝绸布片。可见，丝绸有着非常悠久的历史。

这之后，中国在战国时代到秦朝这段时期，都是国家统一规划进行丝绸的生产，质量也随之得到了提高。并且，中国在此期间也研究出了"织锦"这种技术，运用红、蓝、黄、紫等丰富多彩的丝线，来表现美丽的纹样。

这种情况里，最重要的一点就是，丝绸因为是动物性纤维，含有大量的蛋白质，所以植物染料的渗透性极好，能够让鲜艳的色彩表现出来，这可以说是丝绸的第一大特性。

另外一点就是，丝是从蚕的口中吐出来的东西，与麻这种用纱线织成的东西以及木棉或羊毛那种用人的手指捻搓成的东西不同，而是通过将数根纤细均一的丝组合起来形成长长的丝线，因此在织布机上织纺织品的时候也能够表现出极其精致的图案。

一如前文所述，距今 2500 多年的中国就已经诞生了精美的"锦"。锦这个文字之所以由"金"字与"帛"字来表达，一定是因为金子与丝绸（帛）是等量交易的缘故。染色以及纤维相关的文字全都是丝字旁的，只有锦是金字旁的，其中的情况由此可见一斑。

耀眼华丽的丝织品，对于长城以外的西域各民族，也就是匈奴、月氏等过着游牧生活、主要穿以羊毛为衣料的民族而言，那就是一种让人瞠目结舌、垂涎欲滴的纺织品。

"锦"这种丝织品传到中国周边这些西域诸国，甚至还流传到了西方，运到了地中海地区，成了万众期待之物。文化产物第一次在全球范围内产生伟大的交流，主要就是因为丝绸的推广造成的。

不过，以羊毛作为衣服材料的游牧民族要想从中国购买他们梦寐以求的丝绸，就必须付出巨大的代价。由于中国对这种技术秘而不宣，防止流失，因而西域各民族当然想尽各种办法要寻得丝绸制作方法的秘密。

天山山脉与昆仑山脉之间隔着广袤的塔克拉玛干沙漠。这个地方现在属于中华人民共和国，但是以前曾经是匈奴等游牧民族的领地。塔克拉玛干沙漠以南的和田国国王打算通过与汉族通婚的方式来获得这种技术。

于是，他就要求那位成为他妻子的公主把桑树种子和蚕卵藏在帽子里带到和田国。

通过这样的方式，长期以来严防死守的秘密终于从中华民族手中传到了西域，并广为流传。这就是广为传说的养蚕技术传到西方的一个故事。

让人魂牵梦萦的丝绸技术转瞬之间就广为流传，到达了今天土耳其的布尔萨（过去的东罗马帝国），传到了地中海沿岸的意大利、西班牙。13 世纪的时候传到了法国。

另一方面，东面的朝鲜半岛与日本，由于中国过去将这些地区视为自己的附属国，所以轻易地向这些地区传授了这个技术。

在前面说到的 3 世纪时日本的邪马台国时期就已经在种植桑树、养蚕了，因此可以想象，大约在两千年前，养蚕技术就已经传入日本了。

而且，到了 5 世纪左右，朝鲜半岛百济的秦氏一族来到日本，带来了灌溉和农业技术，也带来了与养蚕和染织有关的更高水准的技术。可以说，从这个时候起，日本的丝绸制作技术开始接近中国的水准。

这样，大陆及朝鲜半岛的优秀技术就这样留在日本。在日本，丝绸成了朝廷及其周边那些位高权重之人的服装的主要材料，利用植物染料，将丝绸染成紫、红、蓝、黄等丰富多彩的颜色，于是一个富丽堂皇的服饰世界便逐渐发展起来。

第二讲　植物染与『穿衣』

美丽颜色中"灰"的必要性

话题好像稍微扯远了一点，接下来，我想谈谈关于植物染与色彩的问题。另外也说说与此相关的一些话题。

来过我作坊的朋友大概应该看到过那些红花的花瓣、蓼蓝干燥之后的叶子、紫根等，应该也会赞叹那些美丽的色彩竟然是从这样的植物，换句话说就是残片中诞生出来的（参考彩页）。也就是说，古人们非常有耐心地用这些自然界的馈赠品染出各种华丽的色彩。

但是，希望大家明白的一点就是，这并不意味着只要有这些材料就能轻松地进行染色。这其中，用于助染的"灰"起到了非常重要的作用。我的作坊前院，设置了一个高1.5米左右的窑，尤其是到了秋天，几乎每天早晨都有白烟从这里袅袅

与染色材料一样，"灰"作为媒染剂的作用是非常重要的，用稻草烧成的灰需要用筛子过滤

升起。

清晨，染匠福田传士一到作坊，第一件事情就是烧稻草，制作黑灰。这个工序有的时候会用山茶树的生木，有的时候也会用麻栎或者橡树这种坚硬的木材来烧。白烟从院子前面飘出去，估计多多少少也给周围的邻居带来一些麻烦，不过，自古以来，对植物染而言，这样的灰是不可或缺的材料。

将这样的灰倒在容器中，到七分左右的位置，然后往里面注入热水，再放置两三天时间。之后，将容器底下开口处的栓子拔掉，把这些溶液取出。这就是带有碱性的溶液。

我的作坊里用到的灰，一共有三种，如果一定要区分的话，那其中的稻草灰是弱碱性的，主要是用来从红花花瓣中提取红色素，此外，练丝绸的时候也要用到。

山茶树烧制的灰主要是在染青茅、茜草属的时候使用。灰里面包含了铝的成分，和天然明矾一样，是一种"媒染剂"，用来让颜色能够渗透进纤维并稳定下来，也就是起到有助于染色的催化作用。

麻栎、橡树之类的硬木烧成的灰，具有强碱性，这是在对蓝靛进行氧化还原 [1] 的时候用的。因为蓝靛色素具有溶解于强碱性溶液的性质。

这样，植物染中，灰是不可或缺的。平安时代的古文书中就有关于销售灰、蓝灰的商贩的记录，可见经营销售"灰"的商人也很早就出现了。

另外，江户初期，在京都出现了"灰屋绍益"这样的富商，此人当年花巨资迎娶岛原的名妓"吉野太夫"为妻。这个人的的确确就是因为销售"灰"而获得巨大财富的。

"灰屋"现在说来就是指化学药品的公司。对于从事造酒、陶艺、抄纸等行业的人来说，灰就是化学出现之前的一种极其重要的化学品。

1　蓝靛染色采用的是氧化还原法。蓝染后，纤维出缸时呈黄绿色，一经空气氧化，纤维立即转变成蓝色。在草木染中，蓝染可以说是变数最多、难度最大的染色方法。由于蓝靛为颗粒状的氧化色素，直接调水后并不具备染色力，需要借助加碱水与糖、酒、淀粉之类的营养剂发酵后使用，才能使本不具备染着力的蓝液转化为具有染着力的染料。

巧妙利用自然的技术

《万叶集》（万葉集）中有这样一首诗：

海石榴花市，闾巷八十歧；灰媒染色紫，邂逅谁家子？[1]

正如诗中所歌咏的那样，山茶灰很早就已经用于紫的染色中。不久以后，估计是从中国流传过来的吧，日本也知道了使用明矾这种方法。

《续日本纪》（続日本紀）中就有记录：文武天皇二年（698）6月8日近江国献上了白矾石（明矾的矿石），同样的，

1　译文参照中文版《万叶集精选》，钱稻孙译本，中国友谊出版社，1992，第184页。

也有元明天皇和铜六年（713）5月，相模、飞驮、若狭、赞岐等地纳税的记录。并了解到，在这之后，日本的一些地方明令禁止开采（矾石），文献中"白矾"也写作"矾石"。

到了江户时代以后，也出现了在温泉喷涌之处将其中所含有的明令禁止的成分提取出来进行精密制作的方法，例如，别府的温泉乡里，就有一个名为明矾温泉的温泉胜地。于是，到了江户时代以后，需求就逐渐增多，江户、大阪都设置了"明矾会所"这样的专卖场所。

我的作坊里也使用明矾，现在使用的是印度和中国西部天山山脉地区的天然明矾。关于明矾的使用方法，古代和现在，以及其他国家，都是完全一样的，就是先将明矾溶解在热水中，加入少许米醋，让溶液变成酸性之后再把布料放进去。

如果说明矾是具有能够让染料中的色素变得更加美丽、更加稳定的金属成分的话，那么这样的金属成分，也就是铁成分，它所起的作用就是形成黑茶色。

让房子空置一段时间之后，打开水龙头，就会看到有赤褐色的水流出来，因此就会明白，水里面的那些我们自己看不见的铁成分溶解在水中了。另外，被风灾水害等自然灾害铲平的土地上，我们也能看到地上露出来的泥土呈赤褐色。这也是因为里面含有很多铁成分，雨水穿过这些泥土，自然就带上了金属成分。

譬如，这样的水烧开了之后往里面放红茶，水就会发黑，也就不觉得好喝了。这是因为茶里面的单宁酸和水里的铁成分发生反应变成了黑色。

树叶枯萎，变成淡淡的茶色在风中飞舞，落在池塘里或者庭院的积水处。过了一段时间以后，这种淡茶色的叶子就会变黑。因为池沼的水里面包含了土里的铁成分，所以就和落叶发生反应。这样，我们就发现了黑染与茶染的原理了。

在奄美大岛，自古以来就一直在生产一种叫作大岛绸的纺织品。这是一种丝绸织品，使用绊染这种技术来表现纹样，颜色以接近黑色的褐色为主体。这种染色技法需要用车轮梅这种染色材料。因为这种染色材料也包含了很多单宁酸，第一步是染成茶色。

染成相当浓的茶色了以后，拿到半山腰的泥田里。泥田中的确包含了很多铁成分，并呈现为浓灰色，人们把丝绸放在其中反复浸泡。这样一来，单宁酸就会和泥土中的铁成分发生反应，变成近乎黑色的焦茶色。这是自古以来流传甚广的大岛绸的基准色，这种技法就叫"泥染"。

这样的染色技法不仅仅体现在大岛绸上面，八丈岛的条纹布黄八丈也是放在带有金属成分的泥土中进行黑染的。此外，冲绳的久米岛绸也是用同样的技法染的。

在日本，类似这种利用泥土中包含的铁成分的做法，是始于古时候的万叶时代，那个时候，黑称作涅（皂）。它作为僧衣的颜色而广为人知，在有的律令制度中，也有类似官阶五品以上的人戴皂冠这样的记载。平安时代，有近亲去世，需要服丧的时候，要穿浅墨色的服装，这样的服饰也像前面所说的那样，是用溶解铁成分的染法进行染制的。

另一方面，也有像京都这样的水中金属成分较少的地方。京都是一个被群山包围的盆地，水从三个方向的山上流下来，成为地下水，盆地的地下深处就像水瓶一样，水就这样积留其中。

我的作坊也是将水管通到地下一百米的地方，来汲取地下水。因为汲取到的是金属成分较少的清澈洁白的水，所以染出来的颜色也不混浊，非常鲜艳。京都这个地方染色非常兴盛，其原因就在于水好。

运河从北面流向南面，运河周边的地下水质量特别好，所以这条运河的两侧满是染坊、茶道流派、酿酒作坊、豆腐坊等。

但另一方面，京都也有像吉冈宪法染那样的黑茶色系的印染纺织品。这究竟是如何做到的呢？具体的做法就是，把大量的生锈铁钉用火烧了之后，与木酸、米醋、米饭的残余物等进行混合。这样一来，腐烂之后的酸性溶液中也溶解了铁的成分，用这种方法刻意制造出带有金属成分的水，然后再像前面说的泥染那样，进行媒染，于是就能够让淡茶色变成接近焦茶色一般的黑色。这也是古人的智慧呀。

如果去印度的话，就可以在他们的"印花棉布"作坊中看到完全一样的方法。应该可以说，人类的智慧都是具有普遍性的。

欧洲人对印度蓝的憧憬

　　我们生活的日本列岛是地球上气候条件非常好的地方。不过，如果将这样的罕见情况视为理所当然的话，那么我们可能就很难会因为自己生于这个国家而心怀感激之情吧。

　　最近这几年，我每年都有一次去伦敦的机会。全都是十天到半个月左右的短期滞留，我是在 5 月末到 6 月期间去的，那时晚春姗姗来迟，雨下得也少，度过了欣欣向荣的每一天。每天 4 点之前天就早早亮了，而且一直到晚上将近 10 点，天还亮着。感觉一整天的时间都是属于我的。

　　然而，接下来 11 月末去的时候，街上的树木都没剩下几片叶子，到了下午 3 点左右，日照开始变弱，天色已经接近黄昏，到屋外面的话，吹来的寒风中还夹带着雨水，寒气一直渗透到脚底。在这个时候，寂寞之感渐次强烈，越发让我感受到还是日本的气候令人怀念呀。

接下来，我想说说这几年我在伦敦了解到的关于蓝的故事。

伦敦北部郊外，有一个对世界染织工艺非常了解的画廊，名为活石（Livingstone Studio）。2007 年 5 月，在这里举办了一场展览，展出的是由我的作坊染制的小物品，相应的，我在这里举行了一次演讲。因为这个机会，画廊主人介绍我认识了一位岁数大且看起来极有英国绅士风度的男性。

这位叫雷克斯·考恩（Rex Cowen）的人，原本是一位律师，专门处理有关沉船被打捞上来之后的所有权问题的诉讼。在此期间，他自己也参与"寻宝"，挖掘十五六世纪大航海时代往来于东西方之间的那些沉船以及沉船遗物。只不过，考恩的兴趣并不在金银财宝上，而是在世界贸易史上染织品与染料的交流上。

沉船的宝藏之中，也有一些东西是收纳于坛坛罐罐等这类容器中，打捞上来的时候，还是完全没有受到海水浸泡的状态。考恩为了见我还带来了从沉船中打捞上来的多种染料。据说，这艘沉船是西班牙的概念号。

按照他的说法，这艘概念号是 1641 年 9 月从墨西哥的韦拉克鲁斯（Veracruz）出发，开往西班牙的加的斯（Cádiz）途中遭遇了飓风，在海上漂流了一段时间之后，在现在的多米尼加共和国伊斯帕尼奥拉岛（Isla de La Española）北面 120 千米的海上沉没。

过去曾多次对这艘概念号进行打捞，寻找其中的宝藏，据说发现了相当多的金银珠宝。

考恩的那些"寻宝"朋友在搜寻这艘船的时候，发现打捞上来的坛坛罐罐里放了一些麻袋一样的东西，从颜色上来判断是蓝色，所以就交给了对染料感兴趣的考恩，而他则把这些东西拿到我在伦敦办展览的这家画廊。

这的确是蓝的染料。这个蓝是用沉淀蓝的方法从蓼蓝的叶子中让色素沉淀下来，并凝固成颗粒状。

从 15 世纪，中世纪终结的那个时期开始，西班牙、葡萄牙，不久之后的英国、法国、荷兰等欧洲列强迎来了大航海时代。乘坐着巨大的帆船，开辟出新的航线，探索地球尽头的时代到来了。

他们顺路来到印度、东南亚、中国、日本进行交易，将各个地方的奇珍异品带回欧洲，这些物品之中就有印度制作的蓝（印度蓝）。进入 17 世纪以后，正如大家都知道的那样，英国垄断了与印度的贸易权，而印度蓝也是其中一个重要的贸易产品。

英国并非没有蓝的染料，欧洲人一直是用欧洲菘蓝（Isatis tinctoria）这种十字花科的植物作为蓝的染料。

但是在北纬五十度这样的北方地区栽培出来的蓝，与像印度这样北纬十度到北纬三十度热带性气候地区种植出来的蓝，二者的色素含有率完全不相上下。

于是，欧洲列强便争相购买印度蓝，但最终英国开始垄断与印度的贸易。对于这样的情况，西班牙不可能拱手相让。随即西班牙在殖民地墨西哥、危地马拉、厄瓜多尔等这些中南美洲国家也发现了蓝，于是就确立新的航线，与英国进口的印度蓝进行对抗。

西班牙船只概念号就是运送这些蓝染染料的船只之一。

考恩带来了这些中南美洲产的蓝，委托我在日本进行染色的试验。说实话，用他拿来的那少量的蓝染染料，不管怎么样都是不够的，但是我被考恩的热情所感动，就收下了。

英国人把蓝称作"Indigo"或者"Indigo blue"，这个意思是"印度货"或者"印度蓝"，本来这作为名称就是不对的。

不过，16世纪到18世纪的欧洲，只要说到蓝理所当然指的就是"印度蓝"。他们进口印度蓝来染蓝色系的色彩，换言之，应该可以说是印度蓝席卷了整个欧洲吧。

深受全世界喜爱的蓝

　　儿岛英雄是一位在厄瓜多尔生活的染织研究者。在听考恩说到这首沉船是从墨西哥港出发驶往西班牙这个事情之后，我便想起两三年前自己见到儿岛英雄的事情。

　　在厄瓜多尔共和国生活工作的儿岛英雄，从我父亲那一代开始就和他有交情。他在我的作坊的时候，告诉我他在哥斯达黎加重新实现了天然蓝的制造，并向我展示了沉淀蓝。

　　看过古代遗留下来的文物，我就非常清楚，自古以来美洲大陆也有蓝的存在，安第斯、玛雅、阿兹特克等各种文明，以及北美的普韦布洛族等都是用这样的染料来染色的。

　　只不过，虽然我知道自从哥伦布到达美洲大陆之后，西班牙、葡萄牙将"新大陆"变成自己的殖民地，鲜红色的染料胭脂虫这种生活在仙人掌上的虫子成了重要的贸易品，但是我以为运到欧洲的蓝全都是印度蓝，并不知道有美洲大陆的产品成了贸易对象。

不过，在伦敦听说了沉船的事情，并看到了实际物品之后，关于哥斯达黎加与厄瓜多尔的蓝的事情终于连上了。

同时，全世界人如此喜欢蓝色系的色彩，并始终维持着将这种色系的布料做成衣服穿在身上的欲望，这也让我再次感到惊叹。

蓝是全世界人共通的色彩。

我第一次去英国，是三十多年前的事情了，闲暇之时，我便会从位于大英博物馆旁边的酒店到博物馆去。记得当时收藏品并没有像现在这样被整理得清清楚楚进行展示，像埃及展厅这类展览空间里，都杂乱无章地摆放着。在埃及展厅中，我看到了很多从埃及古代王朝的坟墓中挖掘出来的木乃伊。

话虽如此，但我对木乃伊以及那些陪葬品并没有兴趣，我关注的是包裹木乃伊的那些白色床单一样的布帛，那些布帛都已经变成斑驳的茶色。

这里所使用的布是用种植在尼罗河边上的一种名为亚麻的麻制成的，从古埃及坟墓里的壁画来看，可以看到国王、官员身上包裹着白布的样子，但却不带什么华丽的纹样和丰富的色彩。

白色，作为奉献给圣洁的神灵的东西而受到崇拜，因此用这些亚麻织成的纱线进行编织，不施任何色彩纹样，然后在尼罗河边洗涤，靠太阳的紫外线"晒干"。总的来说，他们一直穿着纯白色的布帛漂泊。

不过，纯白色的布的两端，就是我们叫作纺织品的"耳朵"的部位，也稍微带了点蓝色条纹，有的时候还看到有暗红色的纹样织入其中。

仔细观察之后，就会发现，虽然是距今大约三千年的文物，但染蓝色和暗红色的技术似乎已经达到了极高的水平，因为这里也出现了蓝靛的颜色。

距今两千三百多年前，中国战国时期的思想家荀子的著作《劝学篇》中就有"青出于蓝而胜于蓝"这样的语句。意思是，蓝色是由蓝草染就的，但呈现出来的蓝色比它原来的蓝草的颜色还要漂亮。

这里指的就是"出蓝之誉"（弟子超过老师的意思）。

无论是埃及还是中国，人们总是在天空、大海、河流、树的绿色之中看着蓝色的色彩生活。不，世界上的大部分民族都对蓝色感到亲切，总想给衣服或者身边的物品染上这种色彩，希望能够与自然融为一体，安心生活。

如果这么观察的话，再看看生活在北极圈附近的那些以动物的皮毛为主要衣料的因纽特人，以及生活在赤道附近的那些不怎么需要衣服的民族，可以说这世界上没有一个地方是不染蓝色的。因此，世界各地一直都在种植能够提取出蓝色的蓝草。

不过，蓝草这种植物是不存在的。一直以来，人们总是在各种不同的自然环境中，去发现包含蓝色色素的草或树，并利用这些植物的叶子。人们总是选择那些在当地易于生长并且能够大量采集的材料。

在印度，用的是豆科的木蓝，这种被称作印度蓝的东西。在南美洲和北美洲，中东以及近东地区，用的是和印度蓝很相似的野青树。在冲绳、泰国等亚热带地区，用的就是爵床这种属于琉球蓝系统的植物。日本本土、中国长江流域，用的是蓼蓝的蓝。欧洲及北海道等寒冷地区，则是用十字花科的欧洲菘蓝来做蓝染的染料。

日本蓝的历史

我们稍微再继续说说蓝的话题。

根据《魏志·倭人传》等文献记载，蓝染的历史在日本也有两千年左右的时间了。然后经历时代变迁，从流传至今的那些物件以及古文献等资料的记载判断，蓝染技术在飞鸟时代就已经非常完美了。

这个技术进一步推广，并最终在全日本境内得到普及。这就是江户时代以后的事情了。正如前文也提到过的那样，在古时候，日本庶民的衣服布料，基本上都是以麻为主，除此之外就是用藤或者构树等植物为材料的。

木棉是桃山时代末期被带入日本的，在九州、濑户内、大阪的河内、伊势、三河等温暖地区得到了广泛种植。木棉非常结实也很耐洗。做成棉花塞在被褥中，保暖性非常好，像这样的布料，对庶民来说，没有比这更宝贵的了。

但是，把木棉做成纱线，做成布料的话，有一个缺点就是，很难染成植物染料中的红色、紫色这类鲜艳的色彩。但是，只有蓝是例外，就连木棉也都能染得非常漂亮。

木棉在日本逐渐得到普及，庶民大多穿着木棉制的衣服，用木棉制作的寝具等，自然而然，蓝染的存在就非常普遍，于是就需要有专门从事这种染色工作的染坊。因为这个缘故，以西日本为中心，每个村落都出现了这样的染坊。随之而来的就是蓝染的生产也得到了拓展。

京都九条周边的播磨（现在的姬路市）就是蓝染的生产基地，到了近世以后，蓝染在阿波德岛的吉野川流域也开始快速发展。

阿波德岛的蓝被称为"吉野川的恩赐"。从四国山地的中央位置开始流向东部的吉野川，有一个外号，叫"四国三郎"，是一条暴川[1]。它的源头在池田町（现在的三好市）那一带，沿着中央构造线[2]向东流，形成了德岛平原，注入了纪伊

---

1 暴川：日语为暴れ川，意指经常泛滥成灾的河流。
2 中央构造线：日本最大的断层系，也可以叫 MTL（Median Tectonic Line）。长野县下伊那郡大鹿村有中央构造线博物馆。历史上，该断层带曾多次发生大地震。

水道[1]。

暴川正如它的名称那样，这个流域自古以来就经常暴发洪水，河道也时常发生变换，下游地区的住宅，都会把土堆得很高，甚至在屋檐下准备好船只，以备不时之需。

根据丰臣秀吉的命令，蜂须贺家政于天正十三年（1585）进入德岛，开始治理这片区域。针对吉野川每年都要洪水泛滥的情况，他颁布了一个政策，就是大力促进这个流域种植蓼蓝。

洪水对旱田作物以及水稻收成造成巨大的危害，而作为蓝染原料的蓼蓝（参考彩页），正如它的另一个名字水蓝一样，就算田地被水淹没，它也可以长得很好。而且，暴雨之后，河流裹挟着四国山中的泥土奔流而下，让大量的沙土堆积在平原上。而蓼蓝是一种忌连作[2]的作物，连作的话就会导致蓼蓝生长不良，那么大量堆积的沙土对于蓼蓝这样的作物而言，就成了非常合适的土壤。

蜂须贺家政就这样充分利用吉野川每年都会暴发洪水的弊端，鼓励蓼蓝的种植。关原之战中，因为他是属于丰臣秀

1　纪伊水道：和歌山县、德岛县、兵库县淡路岛所包围的一片海域。东西、南北均长约 50 千米。它是自大阪、神户出发，出濑户内海进入太平洋的重要水道。
2　连作：指一年内或连年在同一块田地上连续种植同一种植物的种植方式。

吉一方的，所以到了江户时代以后，也是按照非直系大名的待遇来处理。蜂须贺藩大力振兴产业，在政策上为蓼蓝的种植提供保护并给予奖励。宽永二年（1625），在藩内设置"蓝方役所"，进而在享保十八年（1733）设置"蓝方奉行所"，直到强化叶蓝[1]的专卖制为止。

这样生产出来的阿波蓝，经由纪伊水道，运往大阪方面，或者通过濑户内航道，运往中国地区或九州地区，在全日本开拓市场。

每个村落接连不断地出现了"染坊"这种专门的洗染店，阿波蓝在那里被大量出售。

宽政十二年（1800），蓼蓝的种植面积达到了一千六百町步[2]，蓼蓝叶子发酵之后的产量号称达到了十七万九千俵[3]。江户时代，只要提到蓝，指的就是"阿波蓝"，因此，由于执政者的决定，才生产出了只有这个藩才能达到的产量，可谓是遥遥领先。

之后，蓝的生产就面临了巨大变革。从幕府末年开始，

1　叶蓝：干燥之后的叶子，是阿波蓝的原料。
2　町步：日本的一种长度单位，1町步是指一个町四方土地的面积，3000步。1町=9917平方米。
3　俵：用于进行大米等产品交易和流通的单位。一种独立于尺贯法体系的特殊单位，具体的数量因对象品种而异。

荷兰的红毛船¹将印度蓝带到了日本，日本的蓝受到了第一波冲击。随后，到了明治二十年（1887）左右，欧洲发明的化学染料开始被进口到日本，这之后，日本的天然蓝染产业便开始迅速衰落。

"日本蓝"与"蓝牛仔裤"

我们再进一步谈谈日本人与蓝之间的关系。

明治七年（1874），受日本政府的聘请来到日本的英国化学家罗伯特·阿特金森（Robert Atkinson）在他的《蓝之说》这篇文章中这样写道：

> 在日本，蓼蓝被当作染料，使用这种染料的人非常之多。来日本之后，全国上下到处都能看到蓝色的衣裳。

于是，他将这样的蓝表述为"日本蓝"（Japan blue）。

明治二十三年（1890）来日本的小泉八云[1]，在他的著作《神国之都》（神々の国の首都，小泉八云著，平川祐弘编，讲谈社）中有一篇短文——读了它，就会明白日本的普通老百姓为什么这么喜欢蓝了，也就能理解那个时代的日本人与蓝之间的那种亲密程度，在外国人的眼中究竟是怎样一种情况。

衣服中，使用得最多的一种颜色是深蓝色，而这种颜色，同样在店铺的门帘上也得到了充分的利用。然而，不等于说丝毫看不到淡蓝色、白色或红色等其他颜色的东西（不过，唯独缺了绿色系和黄色系的）。而且，匠人身上穿的衣服也和店里的门帘是一个颜色，会看到上面写着奇特的文字。如此这般的妙趣，估计是任何蔓藤花纹都无法表现的吧。这些为了满足装饰目的而书写的文字，稍微有点变形，在这种没有任何意义的构思之中，表现出一种匀称之感，有着难以想象的生气。匠人工作服的背上用拔染[2]的方式印上巨大的文字，蓝底白字，远远就能轻易辨识（穿

---

1 小泉八云：1850—1904，爱尔兰裔日本作家，原名帕特里克·拉夫卡迪奥·赫恩（Patrick Lafcadio Hearn）。小泉八云写过不少向西方介绍日本和日本文化的书，是近代史上有名的日本通，现代怪谈文学的鼻祖，其主要作品有《怪谈》《来自东方》等。
2 拔染：仅图案的部分保留底色，其余部分染成别的颜色。

着这样衣服的人，代表了他是某个组织的成员，或者是某个公司的雇员）。即便是非常粗陋的廉价衣裳，看起来也显得非常绚丽多彩。

这里所引用的文章，是小泉八云来日本之后最初住在横滨时写的。横滨开港以后，外国船只频繁出入，在那个时候，横滨已经是一个相当时髦的都市，是日本的先进地区。可见，即便在当时的横滨，蓝染的布料在街上也还是非常醒目。

西日本地区木棉的普及与染坊的增加，以德岛的蓝为首的蓝的生产不断提高，普通老百姓与农民白天穿着蓝色的棉质衣服，到了晚上就裹着蓝色的棉布和塞了棉花的被褥睡觉。甚至，从短上衣、制服等这类工作服到包袱皮，应该可以非常具体地想象出江户时代的日本人身上有相当多蓝色的东西。

前文所说的门帘、制服，是用"筒描"这种技法染就的东西，就是将米糊灌入筒中，一边挤压一边在布料上描绘图案。那个米糊涂过的地方，染料是无法渗入的，所以进行白色拔染，以此凸显要描绘的图案。

另一方面，1848 年，在美国的加利福尼亚挖掘到了沙金颗粒，做着发财梦的人从各个地方麇集而来，拉开了淘金热的

绘有精巧细致图案的筒描门帘

帷幕。在矿山里工作的那些人，因为从事着粗重的工作，所以身上穿的裤子之类的衣物很快就破损了。

德国人李维·斯特劳斯（Levi Strauss）注意到了这个问题，他发现帐篷布料的质地非常结实，便将韧性很强的斜纹质地的棉布做成裤子进行销售，很快就博得了好评。

最初的时候，据说这种裤子主要是白色或者茶色，但相较于原住民的印第安人，外来的这些白人很容易遭到蚊虫叮咬，受到蛇类的袭击。于是这些白人经过调查之后发现，原住民穿的是中南美洲的蓝色布料，也就是用野青树的蓝染成的布料。

李维·斯特劳斯知道了天然蓝染具有驱除虫蛇的药效之后，就从自己的祖国德国订购了那时候刚刚发明出来的化学蓝色染料，染制出蓝色的布料。于是蓝色牛仔裤就诞生了。

不过，化学蓝色染料不具有天然蓝色染料的那种香味，没有药用效果。当地的德国化学染料公司，为了让染料带上这样的香味，开发制造了其他药物。虽然我不知道这种药物的效果如何，但我明白了，牛仔裤的蓝色是追求这种天然蓝染的药效的结果。

正装与便装

因为说到了牛仔裤的话题，那么我就说说现在我注意到的一些事情吧。

近年来，像"正装""外出时穿的正式服装"之类的说法已经不怎么使用了。

我小时候，要是去亲戚家拜访，或是去剧院、饭店等场所的时候，妈妈就会对我和弟弟说"要穿外出时穿的正式服装哦"，并催促我们去换衣服。

这是考虑到要去的地方。就算是孩子，父母也要把他打扮得整整齐齐，因此，从衣柜里拿出外出用的衣服，让孩子换上。仔细打量前面，再让孩子转过身去，好好检查，看看有没有什么地方不对劲，然后说"嗯，可以了"。虽说是小孩子，也必须要让他穿上正装，穿得稍微好一点，让他的心情比平时要紧张一些。

然而，近年来，穿和服的人的确是变少了，不过就算是穿西服，也还是有那种适当地把自己打扮得好看一点的人存在。而另一方面，有相当一部分人，就穿着牛仔裤配T恤衫或者便装外出的；也有一些人就带着在家里的那种不拘小节的状态，或者一副去超市买东西似的样子外出的。

如果是学生的话也就罢了，可是看到一些已经走上社会之人或年长者做这样的打扮，那感觉就像是在街上行走让自己暴露于众目睽睽之下，或者就会让我觉得现在的人已经忘记了那种到别人家中拜访时的礼节。

京都四条河原町十字路口、四条大桥、南座那一带，自古就是人口云集的繁华街区，我还记得在我孩童时代，几乎所有人是穿着会客服装或者节日服装在街上行走。

但是，现在要是站在那个地区看路上行人的服装，就会看到街上那种节日里穿的服装和平时穿的衣服混杂在一起的情况，各种衣服的颜色让人感觉不到季节感，整体上是一种比较混浊的色调，而且衣服也不整洁，甚至有种令人毛骨悚然的感觉。

牛仔裤开始在日本流行，是始于昭和三十年代后期，我感觉就是从那个时候开始，人们的着装开始发生变化，工作服装和日常服装、正装和节日服装之间的区别逐渐消失了。这估计也对"和服"的衰退产生了影响吧，这一点后面再谈。

话说回来，牛仔裤总归是工作用的服装。而且，是适合从事体力劳动的工作服装。不论是站着、坐着，跪着还是滑动臀部，对于这类动作，这种服装都很耐磨，也比较适合那种脏乱的场所，因此，穿着这样的服装去人家家里拜访，那就相当于在说人家家里很脏。

外出的时候，不管去的是附近还是远方，对抛头露面这种事情有所讲究的人是越来越少了。简直是穿着睡衣睡裤就能出门买东西，或者去坐轻轨电车了。有很多年长者也都丧失了那种该有的紧张感。

我们的生活中，"晴（Hare）与亵（Ke）"[1]的区别正在渐渐消失。

昭和二十年代末到三十年代初，百货商店或者超市并不像现在这样销售大量的现成衣服，妈妈需要去购买布料，然

---

1 晴与亵：这一对概念是由日本民俗学者柳田国男在对日本现代化进程中民俗的发展变化进行分析时提出的，可以以此来观察日本人的世界观。所谓亵是指代平时生活的"日常"。而晴一字，在日语中，原指节气转换之时，后引申为节日、祭典、仪式等"非日常"的活动。对于这种相对关系的研究，此后也拓展为"圣与俗"等。

后找认识的手艺好的师傅来做衣服。在我们这两个年幼的兄弟看来，这样的衣服就是非常时髦的，穿上后总觉得既害羞又紧张。到外面去的时候，周围的邻居总会夸"今天穿正装啦，穿着好合身哟"，我们听着就好开心。

现在，到哪儿都能买到衣服，店铺的形态也是林林总总的。有的则是轻松地从网店上购买衣服，尺寸、款式、色彩及设计也都可以自由选择。因此，人们不需要花很多时间精力去考虑"穿着打扮"的事情，也不用想着"正装"该怎么办，该怎么制作，等等。

很少有人会去"定做"或"私人定制"衣服了。请人专门为自己制作适合自己的衣服，有这种习惯的人是越来越少了。

即便是那种价值数十万日元的高档奢侈品牌，归根到底也还是现成的衣服。

以前去高级宾馆或者高级日式酒家的时候，要是穿牛仔裤、T恤衫的话，那是会让人心生不快的，但是，现在这样的情况也越来越少了。根据场合挑选衣服这种事情，也就只有在婚丧嫁娶的时候才会去考虑。

没用的功能自然就会衰亡。整衣敛容这种事情也是如此。

我母亲经常告诫我一句话："趁有生之年，要多动动脑子。"它仿佛还时常在我的耳边回响。

敬谢这种态度

说到女性的"正装",那就是"和服"了吧。

常听人说"和服"是日本自古以来的传统民族服装,但是照我看来,这也并不完全对。

现在和服的造型,是到了近世之后才形成的,女性的腰带等,于幕府末年到明治时代期间才形成了现在这样的系法。至于男式礼服,像袴[1]或者羽织、带有家徽的和服等成为庶民的正装、礼服,是江户时代后期的事情了。

而后,黑色燕尾服及无尾晚礼服取代了男性和服,被视为正式服装,这是明治时代以来的西化风潮过于兴盛的缘故,

1　袴:和服中男子正装的一种。袖子是由"肩衣"这一上半身没有袖子的上衣和"裙裤"组合而成。

而且不管怎么样都不大适合日本人的体形。

我在从事与衣服相关工作的过程中，一方面，会对那种直接把工作服当作"正装"的做法表示非难；另一方面，在节日期间，要是问日本人什么样的服装才是真正合适的服装的话，他们也总是无言以对。

从来没有人回答说，应该根据具体的时间与场所着装，尽量避免给聚会之人带来不愉快的感觉，而选择合适的颜色与造型，满怀信心地出门。

再补充一点就是，究竟穿什么样的衣服才能表示自己对要去的那个地方的"敬谢"之情，这是应该要考虑的事情。

穿一件外套，选择稳重淡雅的颜色，或者，穿一件不会破坏那个场合氛围的鲜艳华丽的衣服。不管怎么样都不能让人觉得别扭，这是成年人的一个常识，应该在这个前提下去表现自己的个性。

正所谓"仓廪实而知礼节"。前几天，我读了日本著名汉学家青木正儿（1887—1964）的一本意味深长的饮食随笔集《华国风味》（華国風味，岩波书店），其中就引用了这样一句古语：“三世长者知被服，五世长者知饮食。”[1]这让我不得不考虑，在"衣"的前面的确还有一个"食"的存在，但近来的这种"晴褒"混沌的服装文化，不管怎样都让我感到忧虑。

1　这句话出自曹丕的《与群臣论被服书》："三世长者知被服，五世长者知饮食。此言被服饮食难晓也。夫珍玩必中国，夏则缣总绤穗，其白如雪；冬则罗纨绮縠，衣叠鲜文。未闻衣布服葛也。"

何为和服

　　和服衰落的诱因，是现成服装的泛滥。首先就是现成服装毫不费劲地被大量消费，此外可能是和服不适用于现代的劳动与运动吧。不过，一直以来武士们都是穿着和服进行激烈的格斗，妇女们则穿着和服从事艰辛的劳动。

　　绸缎庄设立的规矩也是和服衰落的一个原因——和服的发展受限于这样的规矩。

　　例如，以前在茶席上有必须穿捻线绸做的衣服的规定，有的时候会要求这样的衣服必须这么穿才行。由于这样的条条框框，引发了商贩的盈利心理，他们可以大胆地增加和服的种类。虽然有好的一面，但是也存在种种弊端。必然会产生这样一种结果——"这样的话，那穿着西装去。"

由于和服是直线裁剪，所以母亲的和服可以根据女儿的体形重新进行调整。

　　从这个意义上来说，曲线裁剪的西服，就不容易重新裁制，而直线裁剪的衣服则可以不断地反复利用。浴衣甚至可以用来做尿布。和服就有这方面的优势。

　　穿和服肩膀不会酸疼，这也是和服的一个优点，可以减少对身体的负担。而且，穿和服不怎么会觉得冷。

　　可即便如此，和服要想"卷土重来"，估计是很难的吧。绸缎行业缺乏足够的努力与智慧，整个行业性质仍然保持原样，因此很难看到希望。

　　虽然有各种各样的争论，不过，如果说现代和服从一开始就是这样的样式，那又是不对的。

　　和服的原点，是平安时代的袿[1]这种服装，在这之前，到奈良时代和平安时代初期为止，上层阶级穿的都是中国风格的服装。而庶民穿的是接近现在的禅僧工作服一样的劳动服装。按照直线将布料裁制成和服这样的做法，差不多是到了平安时代中期才出现的，至于为何会产生这样的变化，则不得而知。

1　袿：日本古代的一种衣服，从头上披下来，盖在衣服上，下端垂至下摆。

譬如，奈良时代的圣武天皇和光明皇后，基本上穿的就是中国古式服装。迁都至京都之后，到了平安中期的藤原道长时代，穿的就是《源氏物语绘卷》（源氏物語絵巻）中出现的袭这种服装了。

这一点，只要将原本收藏于东寺（现藏于京都国立博物馆）的"山水屏风"和它的摹本神护寺收藏的"山水屏风"做一比较就很清楚了。东寺的屏风是平安时代初期画的，上面的人物都是穿中国古式服装的样子，而神护寺的屏风，是平安时代中期画的，上面的人物穿的就是袭这种服装。由此可见，在此期间，和服的造型发生了变化。

袭这种服装，如果想要穿几件在身上的话，那么就必须要直线裁剪，否则就无法很好地重叠。所以，可以这么认为，大概当时就是为了要让衣服几件叠在一起而采用直线裁剪这种方法。

袭仅仅是将几件重叠起来，并没有系腰带。如果说这种服装是日本和服的话，那么可以说是和服的源头。

而且，只有袭前面是敞开的，所以要穿袴[1]。这差不多是从

---

1 袴：和服裙子，裤裙。套在和服外边，从腰部遮到脚的宽松衣服。穿着时系住缝在上（腰）部的带子。一般像裤子那样两腿部分分开，但也有裙式的。古时只有男子穿用。

桃山时代开始的，现在袴不穿了，而是变成围"汤文字[1]"（贴身裙），这是为了把前面系紧才系上腰带的。

现在的和服，为了调节长度而有了"端折[2]"这种穿法，而这是明治时代以后才有的事情，所以只要看元禄时期那些描绘艺伎的绘画作品，就会看到她们衣服的下摆还保留长出来的样子，只是在腰部系上带子。

身穿平安时代的袴，上身穿羽织，这样的服装，应该说是和服吧。到了桃山时代，人们围着汤文字，穿着上衣，系着腰带，前面没有敞开，这应该说也是和服吧。

在这期间，差不多从江户时代开始，腰带逐渐开始变宽，变成用来展示腰带本身。也有一些人，她们会把腰带系在前面，像吉原或者岛原的上等艺伎那样，穿得非常华丽。到了明治时期，腰带是系在后面，变成像是系在鼓上的那种样子。这应该说也是和服吧。

什么时代的服装才能被称为"日本的和服"呢，这个就不好说了。至于现在的和服是好是坏，那又是另外一个问题了。

进而言之，振袖[3]是一种极具装饰性的外衣。这是重新恢

1　汤文字：兼作长裤和短裤和服的内衣。从后面用布遮住，用内衣把臀部捧起，再用上衣围住，将肚子向上提起来。

2　端折：把和服长出身体的部分在腰部这个地方打个折，再用细带系起来穿。

3　振袖：将衣袖和袖子的缝纫部分减少并做成"甩袖"的和服。

复袭这种服装的价值。江户时期，大家穿的都是袖子短小的"小袖[1]"。在那个时候，人们的生活逐渐宽裕，开始学习平安时代的做法，这样一来，就发现以前的人是几件叠在一起穿的。那么将几件重叠起来的话，袖子不做大的话就没法穿。所以在小袖的上面再穿打卦[2]。可以认为，大概这样的打卦后来进一步演变成了振袖。

但是，像现在这样，振袖只有未婚女性能穿这种情况，估计是有什么人在某个时候随意定下来的规矩吧。

这也是与和服的衰落有关的一个束缚。

我认为没有端折这种穿法的宽文、元禄时期的和服应该重新恢复使用。这样，裁制以后随时都能够轻松穿上。加上腰带，把腰带系起来等这类穿法，都是后来的时代出现的，宽文、元禄时期的小袖并不需要这样的规矩。

村林益子是日本制作和服的第一人。她就表示："正如吉冈先生所言。从很早以前开始，我就是这么主张的。"并且，她制作了细腰带。

而且，筝曲家川村京子也表示赞成我的看法，村林女士

---

1 小袖：现在和服的根源，一种袖口缝得很小的服装。
2 打卦：日本女性和服的一种，所用布料的长度要比里面穿的和服长一圈，下摆处有一圈加了棉絮的增厚部分。

制作了没有端折的和服，并且做了用骨螺紫染就的细腰带，川村女士只是缚着这个腰带，微微拖着下摆就上舞台演奏古筝。

现在的振袖，自己一个人是很难穿好的，而且花两三个小时穿好之后，人就非常疲劳。所以，它是无法成为日常生活中的"衣服"。和服的衰落，有很大一部分原因是流于形式。

在穿着上动脑筋

普通的和服与节日穿的和服之间的区别是必须要考虑的事情，我的祖母一般都是穿着用碎白点花纹布做成的和服做家务事的，不过，事实上，她非常喜欢穿这样的普通和服。而这样的穿法现在也已经消失了。

为什么会是这样的结果呢，是因为和服卖不出去，所有的和服都变得很贵。结果就只做高档和服了。于是，就出现了高达数百万日元的和服，那么数量也就越来越少了。

不过，现在的年轻人都还比较自由地穿着包括旧衣服和浴衣在内的服装，也是有好的一面。和服一旦触底之后，估计会出现一点回潮的趋势。

穿和服比穿西服要稍微多费点功夫，故而就变成需要动用自己的双手做点事情这样的结果。

譬如，一旦需要做自己能做的事情，那么哪怕是一根带子也要自己选。这种自己选择自己穿的行为，其实是很重要的，这和自己选择餐具，选择室内的拉门、屏风、装饰品等，是一样的，倘若不让自己对自己所穿的衣裳保持敏锐的神经的话，人就很难不出纰漏。

把自己打扮得整整齐齐，住得清清爽爽，吃上美味佳肴，如果不对这些事情时刻留心，那么人的状态也就会越来越糟糕，大脑也会逐渐退化。

烹调这种事情，做了就会明白。第一次做失败了，第二次就知道怎么做了。

从失败中学习经验，这是很有必要的，比如，和服的穿法不对而遭人笑话，但即便如此，仅这个被笑话的部分也会让人下次变得周到。

色彩与阶级性的话题

接下来，我们再回到植物染与色彩的话题上。

现在，谁都能穿任何颜色的衣服，然而在古时候，色彩里面却有着非常严格的阶级之分。

织成织物并给丝绸染色，在中国，这样的丝织品叫作"锦"，这种丝织品能够表现出华丽夺目的图案与色彩，做成的衣裳也非常华美。

中国有个成语叫"衣锦还乡"。

言下之意就是穿着华丽的衣裳回故乡，用来比喻出人头地、升官发财之后重回故乡的情况。

再如，红叶也经常被形容成"如锦绣一般"，这说明丝织品有多么绚丽多彩。

也有这样一首和歌：

"龙田川上下，红叶乱漂流，若涉河中渡，真如断锦绸。"[1]

诗中称赞美丽的红叶如锦绸一般光彩照人，过河之后，就像是锦绸断了似的。

只不过，如此丰富的色彩并不是什么人都能拥有的，在日本的话，从卑弥呼时代以后，这种丰富色彩就仅限于执掌权力的当政者和贵族阶层。

圣德太子根据朝廷官员的身份来决定官员穿衣服的颜色。也就是说，由于染色技术的发达，颜色的阶级性就出现了。圣德太子制定的"冠位十二阶"（603 年制定）中规定，最高等级的是紫色，接下来是蓝、红、黄、白、黑。据说这是学习中国隋朝的制度。

这也基本符合我的想象，本来中国古代最高级别的颜色就是黄色。

夏朝（约公元前 2070 年—约公元前 1600 年）被认为是中国最早的朝代，在那之前，传说有三皇五帝这八个圣人，五帝之首是"黄帝"，就像前面提到过的那样，传说黄帝发明了衣服、船只、车辆、房子、弓矢等生活必需品，还制定了文

1　译文参照中文版《古今和歌集》，杨烈译本，复旦大学出版社，1983，第62 页。

字、音律、历法等，并且通过草药确立了医术，如此等等，为人民的文化生活做出了巨大的贡献。估计这个"黄帝"的颜色，也就是黄色，是最高级别的颜色。

中国在春秋战国这段时期形成了五行思想，黄色在"木＝蓝、火＝红、土＝黄、金＝白、水＝黑"这个系统中位居正中。

不过，在孔子的语录集《论语》的《阳货篇》中，出现过"恶紫之夺朱也"这样一节。意思说的是，朱色本来位居上位，但当时紫色比较受欢迎，于是紫色的地位发生了改变，成为当时的流行颜色。对孔子而言，这是一个令他讨厌的风潮。

从这句话中可以了解到，首先最高级的是黄色，接下来是鲜红且引人注目的朱色居于上位，再接下来，朱色就逐渐被紫色所取代。

西汉的汉武帝（公元前 141 年—公元前 87 年在位）据说喜欢紫色，他自己的宫殿就名为"紫宫"或者"紫宸宫"。于是紫色就成了一种高贵的颜色。

在日本，颜色的等级明确固定下来，应该是从圣德太子那个时期开始的吧。

从那个时期开始，就一直是根据官员的级别来决定颜色等级，不过，这到底还是上流阶层的事情。

天子之色与禁用之色

　　一如前文所述，在中国，紫被当作高贵的颜色而受到推崇，是在两千多年前，估计是在比西汉还要再早一点的时代。有一种说法是，这是因为在那个时期人们终于掌握了紫草的染色法，并且这种颜色得到了汉武帝的喜爱。

　　或者还有一种说法，据说古希腊、古罗马等这些地中海地区的国家，曾经将由贝类内脏提炼出来的紫色规定为禁色，只有皇帝及其家族可以使用，这种紫色甚至被冠以"帝王紫"的名称。而西方这种关于紫的思想，伴随着东西方文明的交流而传到中国，于是紫色就被视为一种高级颜色。

　　我的父辈那一批人，就是因为这样一种思想，而将自己的一生献给了骨螺紫的研究，因此，对紫色的迷恋也更为强烈。

我当然认为紫色是一种高贵的颜色，在我染制了接下来要说到的"黄栌染[1]"和"麹尘[2]"这两种颜色之后，我发现这两种颜色在阳光的照耀下，会绽放出某种妖艳且非常不可思议的光彩，我一直认为这样的色彩是高贵的色彩。

从奈良时代到平安时代，"黄丹[3]"这种颜色也被定为禁色。黄丹的丹指的就是颜料中的朱，黄丹呈现为一种强烈的黄红色。将黄丹定为禁色，是从中国传入的思想。黄丹在衣服上，是往黄色染料中调入茜草或红花之类的鲜红染料，呈现出太阳升起的瞬间所表现出来的那种色彩。（参考彩页）

在《源氏物语》这本书中，我们可以看到那些位高权重之人极其喜欢紫色的情形。

《源氏物语》的确应该称为"紫的物语"，首先作者的名字就叫紫式部。那位光彩耀人的主人公皇太子（光源氏），他的父亲叫桐壶帝，母亲叫桐壶更衣，而这里的桐，是一种在 5 月中旬绽放紫花的植物。

1　黄栌染：天皇在大礼时穿的礼服颜色。
2　麹尘：酒曲上所生菌，因色淡黄如尘，亦用以指淡黄色。
3　黄丹：用在日本皇太子袍上的一种黄红色。

此外，光源氏最初喜欢的女人，也就是后来桐壶帝续弦的藤壶中宫，她的名字中的藤，开出的花朵也是美丽的紫色。

而且，光源氏一见倾心、将之视为人生伴侣的是紫姬（紫之上）这位丽人，小说中描述他们相会的章节第五十四帖"若紫之帖"与《源氏物语》中的"紫之缘"多处联系在一起。

尊紫这种意向，在近世的武士社会中也得到了继承，上杉谦信、丰臣秀吉、德川家康等人穿的都是小袖，只要看那些流传到现在的东西，就知道紫色系的颜色种类相当多。在激烈的战争中，为了获得最后的胜利而鼓舞士气的那些男人，想必也都非常渴望那种高贵的紫色吧。

"黄栌染"和"麹尘"这类极其罕见的颜色被称为"天子之色"。

黄栌染是用黄栌和苏枋染成的黄红色。

麹尘是用青茅染成的黄色丝线和紫草根染成的丝线作为经纬线织成的颜色，或者是先把丝绸染成紫色，然后再加上青茅之后形成的颜色。按照我的想象，紫也好，麹尘或黄栌染也好，在室内和在室外看，它们颜色上是有所不同的，麹尘是一种不可思议的颜色，是某种非常适合演出的颜色。

骨螺紫也具有这样的魅力。有一种将骨螺紫与金色丝线搭配在一起的做法，我估计这大概是皇帝或者天皇在利用那种豪华感或神秘性吧。只要看看罗马时期留下来的圆形剧场就会明白，皇帝要在那样一种大型舞台上出现，需要这种有实际效果的服装。

适合夏季的"改造"，京都旧屋的准备——选自"第三讲"

虽说是改造，就是让房间改变成适合夏季的样子。在旧屋走廊一侧挂上用槟榔树染成的薄门帘。槟榔树是用来染制江户时代的流行色——宪法黑的染色材料。

古色古香的五重塔非常自然地与街中风景融为一体。寺庙里那巨大的瓦屋顶以及通往神社寺庙的石阶参道向我们传达出某种怀旧的情绪。

上图：八坂之塔（法观寺）

下图：通往清水寺的道路

不跟随潮流重视古老的美好——选自"第三讲"

对于在悠久的历史长河中培养起来的美好与清廉，我们已经失去了敬畏之心。我们只知道盯着简单的消费品，忘记了功夫与感性。始终重视居住之心的京都铺面房的门面与庭院。

传统仪式所传达出来的历史厚重感——选自"第五讲"

东大寺二月堂举行的"汲水仪式"上，作坊里染好的有色和纸承担着重要的作用。献给秘佛十一面观音像的人造山茶花，就是用黄色与深红色的和纸制作的。

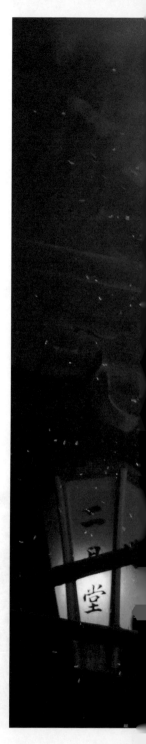

"汲水仪式"中还有非常雄壮的火祭，手持用来引导修行者前往二月堂的火把在悬造式长廊上奔跑，火星飞散。必须要记住的是，在堂内严肃的执行仪式者必须连着几天修行到深夜。

正仓院中所遗留下来的宝物才称得上是日本的奇迹——选自"第五讲"

在每年秋天举办的正仓院展览上欣赏这件宝物的时候，都会让我想到我们日本人的感觉和技术在这一千三百年的时间里一直在进步。

正仓院织物断片　复原：染司吉冈

修复丝绸之路上的顶级之美——选自"第五讲"

对于从事染织与设计的人而言，正仓院的宝物是一个无言之师，是一种崇高的范本。这里刊登的两件作品，是在我的作坊里进行修复的，我一边仰望着巅峰之作，一边拼命地探索现在的回归之路。

正仓院织物断片　复原：染司吉冈

置身古都的祭神活动仪式，探求那珍贵的传承——选自"第五讲"

祇园祭是靠着町众们的财富与气魄而延续至今的。看到用来装饰祭神彩车上的那些南洋诸岛传入的鲜艳红色，看到在寒夜里进行春日若宫祭典的"细男"舞者身上穿的白色装束，我重新开始思考色彩这个问题。

第三讲

古代的『食』与『住』

京都房子的建造方法

兼好法师（吉田兼好，1283—1352）的著作《徒然草》因那个著名的开头——"竟日无聊，对砚枯坐，心镜之中，琐事纷现，漫然书之，有不甚可理喻者，亦可怪也"[1] 而广为人知。

偶尔从书架上取出，拣几段来读读，那个时候，常常为吉田兼好的洞察力而感动。

其中也有我特别喜欢的段落，那就是有关建造房子的记述（第 55 段）：

修造住所，宜以度夏为主。冬日则随处可住也。溽暑

1　译文参照中文版《日本古代随笔选》，[日]清少纳言、吉田兼好著，周作人、王以铸译，人民文学出版社，1988，第 333 页。

之日，住所不适，诚难堪事。[1]

据说兼好法师在京都市中闲居生活，想要完成这本著作，但是深知京都夏天闷热的日子实在难以忍受。

京都的暑气有着盆地地区特有的湿气，闷热伴随着猛烈的日晒，不论是像贵族那样身居豪宅的达官贵人，还是生活在穷巷陋室里的普通百姓，全都一样，夏天到了，整个人都像煮熟了似的。

因为京都夏天的这种气候，从而诞生了"修造住所，宜以度夏为主"这样一篇文章。讲述了在建造房子之前需要花费心思让夏天至少过得凉快一点。

在这一点上，首先最重要的是要让房子南北通风。据说以前在京都建造一幢坐北朝南的房子，就是最好的尽孝之道了。

我还记得自己小时候住过的那幢房子，就是东西向而建，所以不通风，到了夏天，夕照的阳光照射进来，真是酷热难当，之后搬了新家，离原来那幢房子非常近，但因为房子是南北朝向，所以非常凉爽。

过去，也有一些小河流经京都大道。贺茂川（鸭川）是

1　同上页注，第374页。

一条大河，在大街的东头，南北流向，从那里分出一些支流，如中川、室町川、西洞院川、小川、堀川等，都是自北往南流的。

公卿大臣们的宅邸，便会引河水到自家的庭园里，配置引水设施，制造囤积水流的池塘，为了追求凉意，还在池塘上面建造钓殿[1]这种正好可以钓鱼的、向前突出的殿堂。人们在这种殿堂里轻松休闲、不拘小节的样子，只要看《源氏物语》中的"常夏"那篇帖子就会明白。

紧接着前面那段建房方法的后面，《徒然草》的同一段文字中写道："深水无清凉之意，浅水潺潺而流，则凉意多矣。"指出庭园池塘中那波光闪闪的浅水才有真正的凉意。类似这样的观察真是让人有种恍然大悟之感。

平安时代贵族的宅邸，是用蔀户[2]与外界隔开，可以抵御雨水和寒冷。清晨阳光照耀之时将这个窗户打开，房间里面用竹帘、隔扇、幔帐、帐子等来遮挡外面的光线。

镰仓时代，禅宗样[3]这种建筑样式从中国传入日本之后，

---

1 钓殿：在寝殿式建筑南端，临池而建的一种建筑，四周通风。据说因为是用来享受钓鱼的乐趣的地方，所以称为钓殿。主要用于纳凉、宴请宾客。

2 蔀户：一种在板的两面排成格子的窗，分成上下两扇，吊在横木上。

3 禅宗样：日本传统寺院建筑的一种样式，又称唐样。这种禅宗寺院的建筑样式从镰仓时代初期开始被引进日本，由于接受武士的皈依，13 世纪后半期开始成为一种比较盛行的样式，这种建筑样式是直接仿造当时的中国建筑。

就加上了现在的纸拉门，外面照射进来的光线变得柔和，同时也可以用来隔断房间，从此以后，房间与房间之间就得到了明确的区分，但是相应的，白天房间里的通风就不好了。因为这个缘故，到了夏天，就把隔扇和纸拉门撤掉，换成帘子。

所以需要花费功夫来做一些夏天来临之前的准备工作。例如，可以将八张榻榻米或十张榻榻米大小的房子变成一个宽广的空间，这样风可以从庭院吹进屋子里来。在京都，这就叫作"改造"。（参考彩页）

只要看京都的铺面房，就知道面向街道的外部是做买卖的场所，内部是接待客人的地方，在这两个部分之间会建造一种小庭院，叫作坪庭。坪庭上会种植少量的植物，做一些蹲踞之类的动作，不断地给这个地方洒水。

京都的道路就像棋盘上的线条一般，非常规则，纵横联通。再加上是根据正面的宽度确定税金的缘故，盖的房子都是正面比较狭窄，相应的内部纵深较长。这样一来，这种用于采光、通风的坪庭就是非常必要的。

坪庭的另一种写法是壶庭。所谓壶，本来的意思是平安时期贵族们居住的那种大型寝殿式房子并排而列，房子与房子中间的那一部分空间，也就是中庭的意思。对此我有自己的一个比较随性的解释，就是被建筑物包围起来人站在中间简直就像是在壶里似的，所以就从这个意思来进行命名的。

在那里，会种一些像桐树、藤蔓之类的植物，用来观赏。《源氏物语》中出现的像桐壶、藤壶这种女人的名字，就是由这样的植物来命名的。之后到了江户时代，京都铺面房里的那种小庭院式的空间，就被称作壶庭。

不过，京都的街区变得像今天这样参差不齐地矗立着高楼大厦之后，仅靠设置一个坪庭来追求通风和采光这种做法已经行不通了，空调成为不可或缺之物。因为这样，京都的街上，以往那些用于夏天防暑纳凉上的功夫所具有的精彩与畅快，现在就只能在老的茶馆或者高级日式酒家等地方了解到。

日本房屋未完成的好处

《徒然草》中进一步做了以下这样的阐述。

　　凡物必整齐成套，此无聊人物所为之事。未若参差残
缺为佳![1]

这是介绍弘融僧都的话，意思是比起想要把东西整理成
套的做法，那种不加整理的行为更有意思。

同时他又援引古人之言："事事皆整齐一致，实不堪也。

1　译文参照中文版《日本古代随笔选》,［日］清少纳言、吉田兼好著，周作人、
王以铸译，人民文学出版社，1988，第392页。

未了之事保其原状，不独有味，且予人以生机无尽之感。"[1]（第82段）

也就是说，所有的一切全都整齐一致，未必是件好事。"保其原状"，某些地方残留着未完成的痕迹，这样更加有趣，仿佛能够感受到绵延不绝的生机似的。

日本的房子是用木材建造而成，铺上屋顶，墙壁则是用竹子纵横交错地搭建起来，然后在上面涂上墙土。然而，墙壁也是不仅要先涂一遍底子，再涂第二层、第三层，而且，每涂一层都要等涂层干燥了之后再涂，这样一层一层地、慢慢地完成。例如，第二层干燥了之后，就差不多已经可以住进去了，但还是需要再涂一层才行。

房子内部的准备也不用等到做得非常完美了之后再住进去，而是在没有完全做好的情况下，人就先住进去，等住习惯了，再着手完成，这样的话对之后的生活会更好。不论是木工师傅还是出资人，他们都很清楚这一点。所以，房子盖好之后，木工师傅、家具师傅、泥瓦匠等还是相当频繁地出入其中，这在过去是再正常不过的事情了。

可是，差不多从 20 世纪 70 年代开始，"为出售而建造的

1　同上页注。

住宅"这种现成住宅开始增加，城市里逐渐发展成高楼林立的那种状态，这样的建筑物盖好交给业主之后，相关的制造者与居住者的缘分就结束了。而且，这样的建筑物表面上打磨得非常漂亮，仿佛没有丝毫瑕疵似的，建造得非常完美。

然而，设计与施工、实际的生活还是有一些微妙的错位，所以就会出现架子的位置用起来不方便，开门的方向左右倒错，没有什么多余的空间。在这时候，改建是不可能了，只能让人来稍微修理一下。也就是说，房子盖好之后，居住者与建造者之间还要继续交往。

这不仅仅表现在房子或者庭园上，像"和服"，情况也是一样。装饰品的话，也是如此。各种各样的道具，也都让制造者与定制者之间的关系得到延续。

过去，我小的时候，就很喜欢去盖房子的地方玩。捡捡木片，用从美人蕉上削下来的碎屑玩耍，看到混了稻草的黏土就光着脚踩进去而被泥瓦匠骂，站在被各种自然的建筑材料包围的建筑工地上，微风吹来，的确弥散着泥土与木头的香味。

量身定制

现在，是定制这种商业模式消亡的时代。

人们不是想着自己要穿这样的和服，想要做这样的样式，而是购买不能定制的现成商品。

衣食住这些方面全都是这样，房子也能够购买那种马上可以组建起来的半成品似的东西。在"穿"这件事情上，也是决定一下大小，让自己的体形去适应现成的商品。完全是一种被动的态度，连我想用这块布料，想做成这种样式的想法都没有。

就在二三十年前，我父亲那个时代，还有一些客人到作坊里来定制，要求"用这块布料，染成这种样子"。

在江户时期，会以木版书籍的方式出版一种叫款式书的

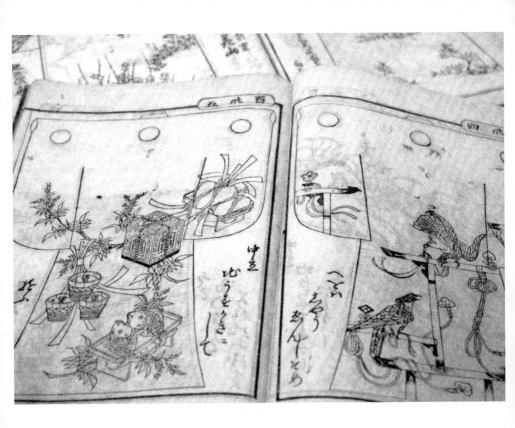

一种用来展示和服图案的款式书

设计本子，匠人会和客人一起，对照着这种款式书来决定，如果是要菊花纹样，那么这个菊花就要是白色的，正中央的菊花是黄色的，等等，然后再制作和服。客人看了款式书和色彩样书，还有只收录设计款式的折帖之后，才下订单的。尺码大小也是人人各不一样，所以需要裁缝根据不同体形来制作。

和服领域还稍微保留着一点定制的商业模式。即便如此，很多也都是批发商来事先订制的。将那些和服用的绸缎临时缝制起来做成展示用的临时绘羽 [1] 之后，就知道衣服的整体感觉了，京都的吴服批发商制作好临时绘羽之后，各个城市的吴服店就会购买或者借用，在自己的店铺里向客人展示。

我认为和服的衰落就是从这里开始的。

穿着为自己量身定制的衣服，身体的感觉也很舒服，又能尽显奢华之气。现在，所有欧美的名牌服装中，也有着数十万近百万的现成服装，换句话说就是，人们已经满足于被赋予的东西。从我的角度看的话，我觉得这是客人缺乏主体性。

选布料、选设计、亲自"鉴定"，这样的品位从小就没有得到磨炼。衣服如果是量身定制的话，自己的态度就会变得认真，会提出各种要求，比如，这根线再粗一点或者再细一点，

---

1 绘羽：绘羽羽织的简称，指和服上有绘羽纹样的妇人用的羽织。绘羽纹样是指和服的前后身大片、袖子、前领等位置的图案连起来，整体上构成一幅画。

甚至还会简单地画一下图案来说明。购买现成的商品虽然不需要费太多的功夫，只是接受，但这样的话，人差不多就会变得像傻瓜一样。

定制所必需具备的眼光

　　这种情况不仅发生在和服上，现在也没有人找裱糊匠重新裱糊家里的纸拉门或者隔扇了。

　　我家里用的是素色隔扇，但是我会自己想一些方案，请裱糊匠人来裱糊隔扇，比如在下方加入直线的纹样、花草图案等。裱糊匠那里也有样本册子，能够定制，可以根据季节的变化来改变。

　　现在，很少有人会在这样一些事情上面发现生活的乐趣了。

　　定制的话，就要求定制的人必须具备相当高的眼光与品位。

　　举个例子，裱糊匠可能会告诉你，"这样的纸是不能用的呀，贴真正的美浓和纸才行""我认识一家越前的纸店，就用那一家的纸吧"，等等，那么你就必须具备与裱糊匠不相上下的知识储备才行。

以前，即便达不到风雅之人的那种水平，但那些前去定制的人，曾经都是亲自跟着裱糊匠学习和纸等相关知识的。定制隔扇的话，需要斟酌玩味的地方有很多，如纸张的问题，或者关于饰边也要考虑很多：漆的话，黑色可以吗，做溜涂[1]好吗，等等。就算达不到专业的水平，但还是需要广博的知识。

然而现在，很多人都会说："太忙了，没时间去研究这样的事情。"

不过我反而认为，在这样的情况下，更应该要对事物进行调查研究，进行学习。在这里面能够实现工作与休息的切换。忙里偷闲地学习不同领域的知识也是对精神压力的一种消解。

据说三井物产的前总管益田钝翁（本名孝，1848—1938）被认为是千利休以来的大茶人，他学习的是工艺美术与历史。尽管他负责的是三井物产这样的大财阀，工作繁忙，但仍然拿出大量的闲暇时间来学习，估计没有人在知道了他的事情之后，

---

1 溜涂：在中涂这个步骤涂上朱、红、蓝、黄等彩漆，上涂这个步骤中涂上透明漆。

还会说"太忙了，没有办法学习"吧。

客人要能够和裱糊匠或者木工师傅沟通，关于和服，要能够和吴服店的老板沟通。为了沟通而学习，这是为了随心所欲地"穿衣居住"而必须要做的事情。

有了"贪欲"这种精神，就会要求定制，哪怕多次失败也没有关系。

要求定制、与匠人交往，这两件事情之间，应该是一种互相提高、互相增进的关系吧。

迎客的空间

　　走在京都的大街上，望着最近刚刚改好的房子，就会发现，房子的入口处那个位置，都是被私家车的车库所占据。在过去，是有个门，然后穿过前院，走到玄关，这是比较符合独栋楼房的样式，但是现在一些大宅邸首先摆在眼前的也是正中央那个带着卷帘式铁门的夸张的车库。

　　不管房子的大小，正面都有一个停车的地方，就算想说句奉承话，也很难说那是个漂亮的车库。日本的房子，有了车子以后就失去了美感，这么说大概有点过分吧，但是我确信结果就是这样的。

　　为了让汽车停在狭窄的空间里，要把面向道路的部分改造成适合汽车进出的大小。就算没有车库，这一部分也会被汽车占据。汽车明明只是休息的日子才用得上的东西，却变成了房子的门面。真是怪事。

大门、玄关这样的东西，是用来迎接客人的空间，理所当然要时常留意，让这个空间充盈着畅快的气氛，我们一直就是被这么教育的。

每天早晨众弟子们来到我们这个兼做作坊的家的时候，先母就会说"把各个角落打扫一下"，就是打扫从玄关到大门的那条道，甚至连门口的街面也要打扫，再洒上水，这是让他们做的第一个工作。这是京都南部那种狭长房屋一般的小房子，家门口的那条道路就是大家的公共空间，以前住在那里的人们，每个人都会留意，把各自的门面整理洁净，以保持这个公共空间的美观。

经常听到像"要保护沿街建筑""保全街道景观"之类的口号，但是在我看来，京都的街区已经一年一年地在变丑。不仅是个人的房子，连新建的高楼大厦也是如此。频频见到那些楼房在汽车进出的地方做一个巨大的开口，结果那些不开车的步行之人，却要非常辛苦地寻找这幢建筑物的入口。

就连神社、寺院，停车场也都被优先考虑到了，汽车排列在入口附近以及参拜道路的旁边，来拜访的人则是穿过各式各样的汽车与汽车之间的狭小道路去参拜神佛。我真想问问，这就是前往神佛所处之地的参拜之路吗？我们只考虑自己的方便，完全不关心其他人对此作何感想。

到京都来的观光客，一年下来差不多有一千五百万人。这些旅行者，可能每个人都抱着对京都的想象前往各个地方。这不仅仅是祇园的茶馆街、琵琶湖疏水沿岸的街道、下鸭神社境内的那片郁郁葱葱的纠之森、大原或者嵯峨野、岚山这些知名观光景点的事情。估计人们也会稍微深入街区内部，在小巷和小路上行走吧。至少要向那些旅行者表明自己生活的这一带是非常有趣的，然而，现在人们却没有这种想法。可以说我们京都人几乎已经没有什么值得骄傲的地方了。

但是，过去的京都却并非如此。整条街都保持着迎接客人的意识，每户人家始终把自己门前的那条街道与自家的房子都整理得非常漂亮。桃山时代末年到京都街头游览的葡萄牙传教士陆若汉（João Rodrigues）就曾经写过以下记录，从中就能看到上述那样的情形。

京都这座城市有着极其宽阔的道路，道路上非常干净。流经城市中央的小河与泉水遍及整个城市，道路一天要打扫两次并洒上水。所以这些道路都非常干净而舒服。人们都修整自己家门前的路面，地面有倾斜，所以没有泥土，下雨的时候也会很快就变干。

我一边遥想四百年前的京都，一边在心里隔靴搔痒般地
想象着那种感受。

从古建筑中学习精神性

随着年龄的增长而进步、成熟这样的说法，用在日本的都市景观中就是谎言。

近十年来，这个谎言变得越发明显了。

我因为工作的缘故，需要奔走于日本全国各地，去东京、博多、金泽、松山等。在这些旅途中，让我心痛的是，每次去往这些地方，快要到达车站之前，车窗外的风景都变得更丑陋了。

东京这些地方，仅仅三四十年前盖的高层建筑物就被非常轻易地拆毁，建造下一幢高楼大厦。这些大楼简直就是名副其实的无序乱建，没有计划，仅凭土地所有者和大型房地产公司等的想法随意地进行建设。那样的景观是极其粗劣的。

不论是著名建筑师设计的大楼，还是只凭容量计算而建造的毫无设计感的大厦，说实话这些都是几十年里建起来的大楼，从稍远的地方看这些楼房的样子，丝毫没有美的感受。

甚至觉得，反正都不好看的话，那干脆就采用统一的设计、高度、容积，做成没个性的更好。这一点只要看巴黎或伦敦的老城区就明白了。

现代的那些建造"个性化"建筑物的人，我很想问他们一个问题："你们去过斑鸠之里吗？有没有在法隆寺的寺院内看过夕阳西下时的五重塔呢？"

五重塔的美丽造型自不必说，这个木质结构、筒瓦屋面的五重塔，历经一千三百多年的风风雨雨，至今依然保持着它的身姿。更不用说，这是世界上现存最古老的五重塔了。

最重要的是它的造型非常优美。尽管差不多每隔一百年就会进行一次拆卸修理，但是常年承受风霜雨雪，是凭借着日本人的信仰之力，才保护了这座伟大的建筑物。

这不仅限于法隆寺的五重塔。药师寺的东塔（三重塔）是建于白凤时代，唐招提寺的金堂则是建于天平时代，在日本，类似这样的，从古时候开始、历经千百年的岁月一直留存至今的建筑物还有很多。

一直以来，日本人始终在根据日本的自然风土建造了不起的建筑物，然而，到了战后的昭和时代，人们就忘记了这个传统，尽盖一些丑陋的建筑物。一幢一幢全都丑陋不堪，这些建筑物密集地集中在一起，整个城市景观全都被毁了。

整个城市的建筑文化都在衰退。这是谁的责任呢？这让我越想越觉得生气。

佛教中有"西方净土"这个说法。

据说阿弥陀如来所在的西方在遥远的彼岸，那里是一个没有苦难的极乐世界。这就是西方净土。人们祈祷，希望在寿命终结之后，能够往生净土世界。

众所周知，位于京都南部宇治地区的平等院，是藤原赖通[1]于永承七年（1052）兴建的一座寺院。

在这座寺院的凤凰堂中安置着一尊阿弥陀如来像。堂内的墙壁和门扉上画有九品来迎图，阿弥陀如来像背面墙壁上则是极乐净土图，此外，那座建筑物的外观非常优美，很好地展现了王朝的风采。寺院就位于宇治川河的西岸。

傍晚时分，从东面远眺，夕阳逐渐沉入凤凰堂中，的确就像是西方净土一般。而它的背景中，是一座平稳的山头。

---

1 藤原赖通：992—1074，平安时代的公卿，太政大臣藤原道长的长子。

然而，现在这座寺院的周边全都建起了高层建筑和住宅，整个地区的景观变得越来越糟糕。

随着人口的增多，需要建造大量的建筑，这一点任何人都能够理解，但是即使如此，圣地还是存在于这个世界上。

每当我看到现代建筑的时候，总觉得日本人在漫长的历史长河中培养起来的精神，因为现代的日本人而明显被疏远了。

靠身边之物生活

京都的街道被称为"都大路"，往往会有类似这样的表达方式，如"进入都大路的时代祭队列""穿过都大路的驿站接力赛选手"等。

如果照"京都的大路"这个字面意义来想象的话，会觉得京都是一个相当广阔的地区，但其实完全不是这么回事。被众山环绕在一个狭小的盆地之中，整个城市像棋盘一般被划分出来大大小小的道路，规规矩矩地分布开来。而且，街区周围遍布着各种带有乡土气息的山村。

我出生于"二战"后不久，在我小的时候，也就是大规模的开发热潮到来之前，城市与郊区的风景是截然不同的。

举个例子，从城市中心地区出发，去到西北地区的嵯峨野，或者到东北地区的比叡山山麓的松崎、八濑大原等这些地方，展现在眼前的真的就是宁静的农村风景。小时候，我住在洛南的深草地区，那个地方也是如此，那美丽的景色现在依然浮现在我的眼前。

家旁边就是一片相当大的梅林，还有爬在山坡上的梯田，一年四季生产出各种各样的蔬菜，田地的尽头，可以看到竹林随风摇曳，恬静悠闲。一到早晨，农户的屋前摆放着要在市场上卖的蔬菜，孩子们可以在上学的路上一路确认当季的蔬菜。

最近，出现了根据土地的特性进行耕种、生产不同的蔬菜并进行推广的趋势，不过，在京都，这样的业态自迁都以来早已持续了一千多年了。

经常听人说道"京都的蔬菜非常好吃"，听到这样的说法，连我自己都感到有点高兴，我会告诉他们"这是因为京都近郊的农民，从很久以前就开始一直为都大路的贵族官员、武士和商人们长期提供蔬菜"。

据说定都在平安京之后，人们在此定居的征兆开始出现的时候，城市的东部和西部都出现了市场，并在路上贩卖各种与衣食相关的物品。

农民也不光只是种自己的东西，也形成了生产能够让街上人喜欢的、各式各样的品质优良的产品的想法吧。

譬如，位于桂川边上的桂之里，平安时代这里是一个朝廷的直属机构"桂御厨"，负责食物的调配、进献的工作，是一个专门向神佛进献供品的地方；另一方面，这里被赋予了某种特殊的权力，连检非违使 [1] 这种相当于现在的警察兼法官这样的官员都不能进入。

桂川自古以来就有用鸬鹚捕鱼的行当，这一点在《源氏物语》的"松风"一帖中也有所记载。光源氏为了在桂川这里建造一幢别墅，书中在描述准备宴会的场面时，有"召见鸬鹚船上的渔夫"的一段文字，写的就是渔夫准备捕捉香鱼，以供给光源氏一行品尝。

而且，在"常夏"一帖中也描写了源氏将年轻的贵公子们召集到自家宅邸六条院中，将从西川，也就是桂川送来的香鱼烤了吃的场面。

蔬菜、河鱼等日常食材，甚至连储备在北山的寒冷之地的冰室里的冰都被运到城里，贵族们每天过的日子可想而知，从中也可以了解到，人们在土地上费心生产各种各样的土特产

---

1 检非违使：日本律令制下的令外官之一，"检察非违（非法、违法）的天皇使者"之意，负责京都的治安维持和民政。平安时代后期，也在令制国设置。

的样子。

换句话说，食材品质的提高也和音乐、绘画等这些艺术一样，都是因为有了富裕阶层才得到发展。

城镇与农村的圆环

　　时代更迭，到了江户时代，京都的官员、武士、商人、居民的数量比起平安时期有了飞跃性的增长，京都也变得更加繁华了。到了这个时期，像桂瓜、圣护院萝卜、贺茂茄子、大龟谷萝卜、九条葱等这些冠以郊区地名的蔬菜开始出现了。

　　农民们根据不同土地的特征，费心费力地开发更加美味的、能被城市居民接受的食材。那时诞生了很多现在成为著名产品的东西。于是，这样的耕地变得越来越广阔。进入江户时代以后，日本社会远离战乱，迎来了和平的年代，幕府也开始推动产业发展，强力推行生产并销售与不同土地的气候风土相称的产品的政策。

　　这样的做法在各地城市也得到了推广。与此同时，不仅仅只给同一地区的近郊进行配送，各种地方特产也被运送到全国各地进行销售。这也是街道的扩充发展以及北驳船、南驳船等海上交通的发达所带来的结果。

江户时代农业在诸多方面得到了发展，这是事实。随之而来的是，都市与农村之间的协作也变得越来越紧密。幕府末年来到日本的那些外国人也都看到了江户时代的这种农业与农民的情况。英国第一任驻日公使阿礼国（Sir Rutherford Alcock）看到当时的日本农民，甚至表示："把自己的农田保持得井然有序，在这方面，全世界的农民都比不上他们。"

这样的情况与我成长的昭和二十年代所看到的情况，相隔近百年，到了人们开始使用农药和化肥为止，我每天看到的伏见深草地区的农家可以说就是像阿礼国说的那样。

在田地里培垄，铺上稻草，比如黄瓜、豌豆等，将竹子插在地上，把系在上面的绳子拉直，让藤蔓缠绕在绳子上，之后上面就开出小小的花朵，最终结出果实。

不管怎么样，都和现在的农业全然不同，当时用的肥料是人的粪便，农民会用两轮拖车把肥桶拉到城里，到那些早就有交情的人家家里，挨家挨户地收集粪便。之后，把收集来的粪便存放在农田角落的粪坑里，等着肥料发酵。作为收集肥料的回礼，他们会把自家田里的蔬菜送给那些人家。城市居民与农民之间的关系就是这样建立起来的。

田地里还有一些臭味，是因为撒上了充分发酵的肥料。种西红柿之类的地里，也撒上了自己家里养的鸡的鸡粪。

田地周围到处都种了柿子树，树下的繁缕长得茂盛，鸡也会来啄食。秋天收割的稻子放在太阳下晒干之后进行脱粒，稻草除了被用在田地之外，也有被送到京都城里的灰作坊那里。因为这些是像我这样的染坊及陶器作坊需要的东西。农活的作用范围就是在城市与郊区之间形成的。

像我的家就位于城市郊区的一角，所以和农民关系非常好，我的祖母就跟我说过"不要购买外地的东西"。

也就是说，不要购买那些从远方运来的东西，这就是我们的信条。我们与每天早上用两轮拖车把刚采摘下来的蔬菜运来卖的那些农民交情很好，互相都通情达理。

那个时候，没有电冰箱这类东西，所以这些蔬菜就要装在箱子里放到厨房，做成我们的午饭、晚饭，或者用盐腌了保存起来，或者装在泡菜坛子里。晚饭准备好了以后，像洋葱、土豆这类可以保存的蔬菜则被我们吃得一片不剩。

像今天这样，花一天时间把物品从远方运来的情况，在当时是难以想象的，但我们就是这样度过了那些内心充实的日子。

附近的农民都把蔬菜放在作坊的门前

话虽如此，住在东京的伯母等亲戚偶尔到我家里来的时候，会给我们带来中村屋的花林糖和荣太楼糖等东京的特产，这样的情形总是让我感激不尽。

本地的物产适用于日常生活，而偶尔才有的那些远方之物，则是上天的关照。

"京都泡菜"的味道也变淡了

　　京都人的那种气质往往会被当成批判的对象。冠于京都人头上的固有批评是，比较排外，貌似恭维实则轻蔑，节俭成性等，所以经常会有人来问我，实际的情况究竟是什么样的呢？

　　比任何城市历史都更为悠久的京都，这里的人们，就算没有特别在意，也都会形成一些有默契的规矩或者习惯等，外地人在不了解这些的情况下与京都人交往，有的时候可能会有一种被人刁难、捉弄的感觉吧。

　　是会听到"总的来说，京都人……"这种比较犀利的话语，但我总觉得这并不是京都特有的吧。在日本东北地区，也有"仙台人对外人比较冷漠"这样的批评说法；美国东海岸的波士顿，据说也会被嘲弄说，"说起波士顿人……"等。波士顿这座被来自英国的清教徒视为新世界而建造起来的古老都市，和京都建立了合作关系。它们的历史悠久程度虽有差别，但大家也都能接受，认为这是非常合理的事情。

代表京都人的气质的一个故事就是"京都的茶泡饭"。

有客人来访。长谈阔论直至正午也丝毫没有要走的意思。于是家里人就问"马上就要吃午饭了，要不要留下来吃一碗茶泡饭"这样的话。客人可不能当真，这是在暗示"该回去了"的意思。

我也是京都的无名小辈，也想就这个故事说点什么。在这里，我就谈谈这个茶泡饭里的"腌菜"吧。

来过京都的朋友们，而且是来过一两次的人，据说在京都首先想吃的东西就是汤豆腐和茶泡饭（腌菜）。的确，腌菜在京都的特产中占据了相当大的比重。我也被很多人问过："买腌菜的话，该去哪一家店比较好？"

不仅是在京都，将蔬菜做成腌菜进行保存，这种方法在整个日本都能看到，各个地方都根据不同的气候风土生产美味的食品。这其中，京都的腌菜与其他地方的相比，似乎有着更为丰富的种类，在电冰箱得到普及之前，腌制是一个非常重要的保存食物的方法，我的祖母也会腌制每个季节的不同蔬菜。

祖母认为自己家里就能腌制，味道也很好，所以让我们不要随便购买外面的腌菜。

然而，有的时候祖母也会让我们去外面购买腌菜。这就是大原的柴渍[1]和上贺茂的醋茎[2]，因为这些腌菜比较费功夫，是当地才有的腌菜。

不过，在昭和四十年代（1965—1974）我到东京上大学的时候，京都市内的一家泡菜店里的柴渍非常受欢迎，来买的人经常排起了长队。回到东京的时候，甚至有人死缠烂打地要我买一些这样的腌菜带去。究竟是什么味道呢，我尝了一下店里的柴渍，就觉得那并不是原来的那种柴渍，而是一种叫盐水渍的东西。原来喜欢的是这东西呀。

大原这个地方到了夏天会收获大量的紫苏。这种紫苏加上同一时期出产的蔬菜茄子、黄瓜和少许辣椒，撒上盐进行腌制。中途从水中取出一次，将水倒掉，然后再进一步腌制，发酵好了以后，中秋之后再开始吃，这才是原本的柴渍。

这在京都也是一种与北部清凉地区的土地相适应的东西，南部的伏见地区是做不了的，只能够从大原的熟人家里获取或

---

1 柴渍：将茄子、黄瓜切片，加入紫苏叶，用盐腌制。它是京都的传统腌菜。
2 醋茎：京都传统腌菜的一种，以芜菁的变种酸茎菜的叶子等作为原材料。它是现代日本为数不多的真正的乳酸发酵腌菜，其特征是有清爽的酸味。

者在店里购买。

　　过了夏天以后，进一步发酵之后，味道充分渗透进去的腌菜，味道上稍微会有点奇特，但现在的店里基本上看不到这样的东西了。现在的主流是盐水渍这样的柴渍，如果说这是一种时代的潮流的话，那也许是吧，但我还是很怀念晚秋时分吃的那种充分发酵之后的柴渍的味道。最近我会请花脊山村里的人每年分一些给我。

经常吃炖菜的一代

在京都，炖菜一般都叫作某某"煮"，但现在的人基本上不再规规矩矩地做炖菜了。

我的母亲出生于大正时代，她是不吃生鱼片的。京都远离海洋，吃生鱼片的话，就会食物中毒。因为流通系统的发达，这样的情况就发生变化了，但是我小的时候，生鱼片从来没有上过我们家的饭桌。因此，更多的是炖菜成为主要的菜肴。而且，据说吃了生鲜食品，体温就会下降。

好好地吊高汤，也要把海带熬好，虽然没有像现在的牛肉炖土豆这种菜肴，但是有章鱼、乌贼炖小芋头，到了春天就可以与鲷鱼做成拼盘，吃起来味道很好，还有炖比目鱼、炖青花鱼等也都是常吃的菜肴。

外祖母是大阪人，所以经常会给我们做"船场汤[1]"。

船场这个地方是桃山时代丰臣秀吉修筑大阪城时，商人们汇聚在一起形成的街区，当时运河已经修好，有了停靠小船的码头。到了江户时代，流通经济进一步发展，这个地区与大米的行情紧密相关，从而成了商业中心——货币兑换商、药材批发商、纤维批发商等许多生意人聚集的地方。而出于崇尚节约的精神，也就用相当省钱的食物作为用人们的"伙食"。

过去最便宜的就是青花鱼头和骨头，都是鱼店免费给的，用开水焯一下，去掉腥味，再把萝卜切成细丝，加入海带高汤炖煮。当然也加入了鱼身，不过，这样做成的汤就叫作"船场汤"。大阪商人的学徒，他们的伙食就是这种菜肴。

那时候也经常给我们做鳕鱼汤。远离海洋的京都市内有用盐腌过的鳕鱼。这样的鱼肉不是透明的，而是乳白色的。盐鳕鱼之所以好吃，是因为在海滩上用盐腌过，排出了多余的水分，鱼肉变得更加紧实，咸味恰到好处。往用海带吊好的高汤里撒上盐鳕鱼和九条葱的碎末，最后撒上海带丝再吃。

对，外祖母经常会用到海带丝。饭桌上的菜品略显不足的话，她总是会拿出海带丝来。这也可以说是一种大阪的风

1　船场汤：大阪批发商聚集地船场地区常见的一种菜肴，把腌青花鱼等鱼类和萝卜等蔬菜混在一起炖煮的一道食材丰富的汤。

气吧。

"炖豆腐渣""炖小芋头",还有"炖盐海带",都是自己家里能做的菜肴,都是饭桌上常吃的,这就是所谓的京都的"晚饭"。

更进一步说的话,外祖母不喜欢我们去粗点心[1]店。因为她不喜欢买这种东西吃,因此这样的点心也是我们家里亲手制作的。

她经常给我做那种用中双糖做的"烤卡尔梅[2]"之类的点心。糖要买上等砂糖,慢慢煮好,再倒进便当盒里。放置几个小时后砂糖就会凝固,再把它打碎,装在罐子里。薄煎饼、三明治、甜甜圈等这些时髦的东西,还有现在叫作抹茶咖啡的这些东西,都是很早以前就开始做了。因为妈妈是教师,在学校里上班,所以我们就交由外祖母来照顾了。

在那个时代,附近的点心店也给我们送来日式点心。给我们送来之后,还会告诉我们"今天是什么日子,所以要吃红豆饭啦""春天要吃樱花饼啦""今天开始吃水无月[3]啦",等

1　粗点心：用谷子、麦子等杂粮做成的廉价的杂粮点心
2　烤卡尔梅：粗点心的一种。现在在祭典或者庙会上摆摊的地方偶尔能看到。直径10厘米,厚度4厘米到5厘米。点心的中央有像"龟甲绫纹"一样的椭圆形鼓起。该叫法来自葡萄牙语的甜食"caramelo"。
3　水无月：旧历6月的别称,这里指的是旧历6月做的一种日式点心。

等。差不多点心店的人一个月要来两次左右，把点心送到我们厨房里。因为我母亲喜欢吃日式点心，所以只要没有什么特殊情况，她都不会拒绝，根据季节的不同，有很多日式点心是要根据不同的日子来定的。

所以会有这样的感觉：就如吃了这个点心以后，春天就来了。水无月是6月份的点心。夏天的葛饼放在自行车货架上的箱子里，箱子里面放入冰块，像简易冰箱一样，需要从那里把葛饼拿出来，放到自己家的冰箱里。这个是7月份的点心。

母亲教的与人交往之道

我现在已经不再那么能喝酒了，但是每天如果不稍微喝一点清酒或者啤酒的话，则一天就好像没过完似的。说实话，我从 20 岁以前就开始喝酒了。每次看到我这样子，母亲总是一脸的不高兴。

据说，外祖父一直到快要去世之前都还在喝酒，母亲总是叹气道："就是那东西把外公的血给吸走了。"我出生的时候，外祖父早已去世了，也就没办法做比较，母亲的几位兄弟和我父亲都是不喝酒的，所以这大概是隔代遗传吧。家里的酒差不多就只有做菜用的料理酒和味淋了。

因为我的家庭是这样一种情况，所以像我这样的还没考上大学的未成年浪人[1]，有的时候喝得烂醉回家，对母亲而言，那就是难以接受的事情了。所以，终于等到上了大学，可以堂堂正正地喝酒了，就是我最开心的事情了。

我的那些京都的初中、高中时代的老朋友，以及东京的大学里的朋友，主要都是酒友。我们经常是几个人一起聚在我家里开个酒宴，母亲就会去酒坊为我们买些啤酒或日本酒，然后她和外祖母一起准备一些下酒菜给我们。虽然她们不喜欢我们喝酒喝到醉，但毕竟是儿子的朋友们来家里玩，还是非常欢迎的。只不过，这时候基本上是我父亲不在家的时候，因为父亲不喝酒，所以看到我们在酒宴上兴致勃勃的样子，他就会不高兴。

在收到朋友的邀请，或者自己主动叫人一起去外面喝酒的时候，妈妈一定会问我："你带钱了吗？"身为学生的我当然基本上是没有钱的。这样，母亲就会偷偷地给我一些钱，嘴上像口头禅似的反复嘱咐我说："喝酒不要太寒碜了，算钱不要 AA 制哟。"

让我喝酒的时候豪放一点，算账的时候也不能搞 AA 制。非常严厉地交代我，自己请客的时候，必须全都自己付钱才

---

1 浪人：一般用来比喻从固定职业中辞职，且尚未找到下一个工作的人；也指那些虽然有上大学和就业的意愿，但无法实现的人。

行。别人请客的时候，一定要分清楚。反过来自己请客的时候，就要盛情款待。这两种情况一定要分清楚。有的时候，是那些我工作上的老前辈、岁数比我大的人请客。回到家里，我就问母亲，为什么不能 AA 制。

于是，母亲就斩钉截铁地说我："脑子不用，就不会长进。"

别人请吃饭以后，要想着过些天应该向请客的那个人道谢或者回礼。年龄比自己大、工作又非常麻利的人请客的时候，要是跟那个人一样地去回礼，那对于年轻人来说是很困难的。那么，年轻人只要按照适合年轻人的方式去回礼就好。回礼并不要价格高昂、过分奢侈，而是有自己的考量，寻找自己认为好吃的、不太为人所知的菜品，真心实意地还礼就可以了。在这上面动脑筋了，人才会有所长进。我母亲就是这样教育我的。

我从踏入社会后，一直得到各位前辈和年长的工作伙伴的盛情款待。现在我多多少少能够在食物方面发表一些见解，也是多亏了这些朋友。

我按照母亲的吩咐，赠送一些比较好吃的点心作为回礼，或者请他们去那些虽然不是那么高级、但是味道很实在的带吧台的餐饮店吃饭，这样的店对于那些平时只去豪华餐馆的人来说，也会觉得满足。我全都是按照适合自己感觉的方式进行回礼。在物品的赠答方面，也是一样。

大概是因为母亲在这样的事情上比较谨慎小心，所以她想要稍微教教我这个不成事儿的儿子怎么动脑筋吧。

另外，平日里母亲总是挂在嘴边的一句话是"没有答谢礼呀"。

现在这个说法已经不怎么使用了，但在《广辞苑》里，"御赐"的意思为"（京都大阪、北陆一带）赠品的回礼；回礼品"。也就是接受了来客赠送的礼物需要回礼答谢的意思，另外，还有在工作地点收到的茶点用包装纸包好带回去的意思。

有客人来的时候，母亲脑子里想着有没有什么给他带回去的，该准备些什么的时候，就会经常叹息道："没有答谢礼呀。"

这样的习俗自古就有，《源氏物语》中的"梅枝"一帖中也能看到这样的情形。那是光源氏的一个女儿明石小女公子举行着裳仪式，并且决定正式进入春宫（皇太子的宫殿）的那个秋天的情景。

光源氏地位尊崇，所以很多人纷纷送来礼物表示祝福，其中就有槿姬赠送的熏香。源氏拿出酒菜款待送来礼品的使者，作为回礼，让他带一袭红梅色中国绸制常礼服（贵族女性的上衣）回去。

　　大概是原本存在于贵族社会的这种"赐予"的行为慢慢地也渗透到庶民社会中，于是就出现了"御赐"这样的语言和习惯吧。

令人怀念的美食

　　和老朋友聊得起劲，谈起往事的时候，经常会回忆起很多过去的故事，聊到"东京奥运会的时候如何如何""大阪世博会的时候如何如何"，以及一些划时代的事件。我们这些昭和二十年（1945）前后出生的人，那个时候正青春年少，经历了各种酸甜苦辣。

　　这些事情就算和年轻人说了，他们也全都会呆若木鸡，而那些比我们岁数大的人要和我们说起战前的事情，那我们也是茫然的。

　　不知道什么缘故，最近几年，昭和三十年代左右的事情重新得到关注，经常在照片和电影上看到当年的怀旧风景。东京奥运会是昭和三十九年（1964）10 月 10 日举办的。日本全国上下以这个大型盛事为目标发生了剧烈的变化。那时候是战后这个时期的终结，可以说这是我们日本人生活上的一个重大分水岭吧。

前不久，我回想起自己的小学生时代，发现所有的东西都不像今天这么丰富，不管什么事情，都要忍受着不方便的生活，但现在想起来，还是觉得那时每天都很舒服。

那就说一段这样的记忆吧。

我住的房子是一种有紫红漆格子窗的小长屋，从玄关一直到房子里面都是三合土地面，厨房里面还有一个灶台。

到了傍晚，祖母往灶台里加柴火，给釜盖上重重的木盖子，开始做饭。烹制的菜肴也是把祇园祭的时候拿回来的去了骨头的海鳗用铁钎子串起来，蘸上自己用酱油和味淋调好的蘸酱，放在火上烤。或者，把水灵水灵的绛紫色茄子等蔬菜放在铁丝网上，把外皮烤得焦黑焦黑，做烤茄子之类的菜肴。

我对食物的关心尤其强烈，所以像这种小时候吃过的东西，现在仍然还能记得。我所描述的食材调配与烹调方法，在今天看来，在某种意义上讲，好像显得非常奢侈。

也就是说，最近用釜煮的饭，或者早晨到田地和野地里采摘蔬菜，用炭火烤着吃，这样的吃法已经变成了某种特殊餐馆才能满足的事情了。听说这样的餐馆很受欢迎，往往很难预约上。

　　曾经被誉为"三神器"的东西自不用说，其他的电器产品和汽车，早已进入普通家庭。享受着在有空调的办公室里工作这种城市高级生活的那些中老年一代，之所以还会对昭和三十年代的饮食生活感到怀念，估计是因为在对炊烟从灶中冒出的景象感到怀旧的同时，也从中认识到了人类原本的行为模式吧。

思念日本茶的味道

今年（2010 年）3 月末前后，京都的樱花比往年开得更早一些，就在马上要完全盛开的时候，寒潮突然席卷而至，京都的街头简直就像飞舞着雪花。

我走在街头，因为太冷了，便到一家舒适的日式传统茶馆，点了一杯煎茶。也是因为太冷的缘故吧，这杯茶让我打心眼里感到温暖，总觉得好久没喝过这么好喝的茶了。

家父虽然不喝酒，却是一个对茶和茶点要求很高的人，所以家里总是备有好的抹茶和煎茶，我记得小时候的我也曾经喝过那些茶。

由于我们家离产茶圣地宇治比较近，我记忆中经常有经营宇治好茶的人来我们在伏见的那个家里，我们好像在茶园的熟人也很多。我们家只有在茶上面曾经奢侈过。

尤其是到了 5 月的新茶季节，就会有人送来很香的茶，在小孩子的心里，新茶这种东西，就是一种美味之物。特别让我印象深刻的是母亲被客人夸赞"吉冈家的茶真是好喝呀"的事情。

昭和三十年（1955）前后，并不存在像现在这样使用农药、利用机械化让手工业简略化等合乎发展理念的种茶方式，现在也不会用以前那种耗费功夫的制茶方式制作美味的好茶了吧。

不过，昭和四十年（1965）过去之后不久，不，可能是 20 世纪 50 年代左右的事情吧，母亲曾经几次三番地向拿茶来的店员抱怨，当时她说的那些话至今言犹在耳。

主要的原因就是以合乎发展理念的方式种茶，以及往好茶叶中掺入其他产地的茶叶或者一些不好的茶叶，从而让茶叶品质变得平均等这些情况。

在报纸的报道中，我们得知了一种这类符合发展理念的种茶方法，就是遮光栽培。

根据那篇报道的说法，茶叶刚刚抽新芽的时候，如果受到强烈的日光照射，就会损害其中一种叫茶氨酸的成分。不过，生产茶叶的先人，从安土桃山时代开始就已经在经验上掌握了遮盖栽培，即遮盖茶树，防止太阳光直接照射的方法。当茶树抽出新芽的时候，茶农就会在田地上搭个架子，把芦苇和叶子铺在架子上。这样一来，阳光就不会强烈地直接照射在茶叶上，而茶田的透气性也不会受到影响。

这种传统的做法，在三十年前左右开始发生变化。人们给茶田盖上用化学纤维制作成的漆黑的罩布。这样的确节省了搭架子、铺芦苇的功夫，耐久性也非常好。这种方法很快得到普及之后，我也觉得附近的茶叶生产地区宇治田原与和束附近的茶田风景也都变了。

不过，根据近年来的研究表明，因为这个缘故导致了遮光性太强，地面温度又变得过热。相反，据说过去的那种方法，能够很好地控制茶田的地面温度。"天然之物所具有的性质真是让人赞叹呀。"长期从事研究工作的茶叶研究所的人员如此评价道。

今天是一个也能轻轻松松地用瓶装茶招待客人的时代。在以前，有客人来，将开水烧开，把好茶叶倒进茶壶里，注入热水，慢慢地等茶的美味出来之后，再倒入茶碗，这样的习惯正逐渐被打破。

为了能够永远喝到日本茶，请再一次学习前人的智慧，希望生产出美味芳香的茶叶。

"去京都" 这种意识

当人们说到京都的时候，经常用的一个词叫"洛中洛外"。

"洛"指的是京都这座城市的中心地区。建造平安京的时候，以从南面罗生门通往北面朱雀门的朱雀大路为中心，规划了一座左右两方对称的京域。将东半部比喻为中国古都洛阳，而西半部则比作长安。京都这两个地区的都城都是为了均等发展而建造的，但西边的低湿地带较多，东部那片被比作洛阳的地区，甚至发展到了跨过鸭川的那部分地区，不久之后，便取了洛阳的第一个文字"洛"，用来指称这个地区。

平安时代的贵族们也开始在"洛"那边建造宅邸。变成武士政权之后，足利氏的政权就位于"洛"的中心地区室町大道，被称为室町御所[1]，足利政权因此被称为室町幕府。

到了中世宣告结束之时，这个地区就成了"洛中洛外图[2]屏风"（洛中洛外図屏風）中所描绘的那样。图中描绘的正是京都市中心和郊区的景象，这种画在当时很流行，到江户时代初期为止，留存下来的有一百件左右。

其中也有被称为上杉本的洛中洛外图屏风。据说，这是织田信长赠送给上杉谦信的屏风，他让狩野永德在这幅画中将京都城在应仁之乱[3]的战争伤痕中复兴之后的样子描绘下来。织田信长的意思就是，没有上杉谦信率领军队到京都来，京都依然如此繁华显赫。这个屏风之后就在迁到米泽的上杉家中流传下来，现在收藏于米泽市立上杉博物馆。

从屏风中可以看到，御所的气氛和寺院的样子，以四条河原为中心，人们的活动热闹非凡，祇园祭的祭祀等，作为城市的京都的街区具备了非常完备的功能。这样，就不难理

---

1 室町御所：又称花之御所，室町幕府第三代将军足利义满于京都室町修建的一座豪宅，作为将军的住所和处理政务的场所。花之御所得名于园中所种植的各种花卉。

2 洛中洛外图：日本历史上室町时代所创作的风俗画的一种。根据专家的判断，洛中洛外图是江户时代狩野派画家的作品。洛中洛外图展示了京都市的名胜古迹。其中右屏风画面的中间以二条城为主，左屏风则描画了方广寺大佛殿。

3 应仁之乱：1467—1477，应仁元年至文明九年，发生于日本室町幕府第八代将军足利义政在任时的一次内乱。波及除九州外的其他日本国土，由于此一动乱，日本进入长达一个世纪的战国时代。

解，为什么每个人都对繁华热闹的"洛中"心怀憧憬。

如今交通四通八达，人口增加了，城市也膨胀了，住宅区向周边扩展，已经分不清到什么地方为止是洛中，什么地方是洛外了。但是在昭和三十年代那个时期之前，洛中洛外的区别还是显而易见的，居民们似乎也都有各自潜在的居民意识。

我的家，本来是在洛中的下京区绫小路西洞院西入地区经营染坊。不过，第二次世界大战结束后，我家就搬到了南部的伏见区居住，因此长期住在洛中的外祖母总是感叹这里是非常偏僻的乡下地方。

相反，我从懂事起就一直在洛南伏见地区长大，所以生活中完全没有什么洛中意识。只不过，自古以来住在伏见、山科、桂等这些被称为洛外的地方的人，要去四条河原町、祇园、三条乌丸、西阵附近等的确可以说是洛中的那些地方的时候，常常毫不犹豫地用"到京都去"这句话来表达。这句话听起来感觉是要踏上一段小小的旅程，去一个遥远的地方。

也就是说，在京都，"住在洛外的是乡下人，洛中居住的人都是城里人"这样的意识，自古以来都是非常明确的。

以前，当我说到自己是在伏见区的桃山高中上学的时候，往往会被洛中人半开玩笑似的戏弄道："去乡下学校。"只要不是在公立的洛北高中（左京区下鸭梅之木町）、鸭沂高中（上京区寺町通荒神口下）、紫野高中（北区紫野大德寺町）、堀川高中（中京区东堀川通锦小路上）这四所高中上学，就会被告知"不要说自己上的是京都的高中"。

曾经有过这样一个笑话，就是洛东高中、桃山高中、嵯峨野高中等学校会被人嘲笑说，"这样的高中是什么时候有的"。但是，那个时候京都的区制非常严格，升公立高中的时候，被规定有义务去自己住的地区周边的高中上学，所以自己是不能选择高中的。

类似"洛中"和"洛外"这样的鄙视链，不只存在于京都这个地方，换句话说，在东京有山手和下町这样的区别，在这些地方生活的人各自的居民意识也都是不一样的。这一点，从其他地方来的人是很难理解的。

不过，在我看来，像"城市"这种拥有大型街道功能的地区，让很多人聚集在一起，从而自发地确立起某种不可见的空间及市民意识，并建立起郊区与行政边界之外地区的关系。

像丹波屋、越后屋、近江屋等，都是将创业者的出生地作为店名来使用的，历经数代人的努力，成了一种事业。从这样的例子中也就能够明白，即便不是像织田信长和上杉谦信这样的武将，也有很多胸怀大志之人络绎不绝地离开故乡来到

"首都"。

不过，自从明治时期东京成为首都以后，京都就丧失了这样的功能。而且，近年来，这样的情形越发明显。

樱花与人造的浅蓝色

对日本人而言，樱花应该可以说是一种让人产生某种特殊爱慕之情的花吧。

说到"花见"，毫无疑问，意思指的就是樱花，到了春天，人们在恬静温和的季节里，为鲜花的美丽而陶醉。

从桃山时代到江户时代，一直被描绘不止的"花下游乐图屏风"（花下遊楽図屏風）有很多流传下来了。画中描绘一处有樱花树的地方，人们于角落处挂一幅帷幔，地上铺着红色的垫子或者散发着兰草香味的席子，整个场地布置得宛若宴会舞台一般。樱花树的周围聚集着盛装打扮的人，有翘首赏花之人、有翩跹起舞之人，还有沉醉不知归处之人，等等。

就算是在今天，赏花也都必然伴随着喝酒游玩，所以全国各地任何一个赏花名所都可见到这样的热闹场面。

这样为花而聚的行为绝非什么不好的习惯，但是近年来，铺在地上的不再是以往的那种绯红色的毛毡和席子，取而代之的是施工用的蓝色塑料布，真是让人感到扫兴。

在京都也是如此，东山圆山公园的垂枝樱早就很有名了，樱花盛开的时节便会吸引众多的赏花游客前来。但是，因为要举办酒宴，地上铺满了蓝色塑料布，而且占位置的人也逐年增多。对于纯粹想要欣赏樱花香色之人而言，这实在是让人心生不快的情形。

明明花色美丽灿烂，却将那样的人造色带到樱花树下，这样的无知无觉，我实在是难以理解。

这样的情况可不局限于京都，在电视上看到从空中拍摄东京上野公园的视频，就会发现比起樱花那淡红色的美，映入眼帘的尽是樱花树下的那些强烈刺眼的蓝色，而非樱花的动人之处。这让我好想探究一下，究竟从什么时候开始，日本人开始对这样的色彩变得无知无觉呢。

前面提到的近世的"花下游乐图屏风"，那里面的红色毛毡也相当醒目，但是当时用的都是以天然染料染成的毛毡，那种色调也非常柔和，当时的人们这样坐在樱花树下应该也不觉得有什么不协调吧。

塑胶、塑料的着色用的都是化学合成的蓝色。人造的钴蓝色在生活中出现已经是理所当然的事情了。

我小的时候，用的都是稻草做的席子或灯芯草坐垫，都是自然界里的物品，非常协调。

即使现在的日本人每年也有那种等待樱花开放的心情，但对色彩和素材却是如此迟钝，而为此感到可悲的，大概就只有我一个人吧。

烹调的根本在于高汤

可能是因为我年纪大了，也或者是很贪吃的缘故吧，只要电视、杂志、报纸上有介绍菜肴制作方法或者餐厅的话，我马上就要看。

正因如此，对于这样的信息，我也有很多忠告，所以经常一个人发牢骚，发表一些连批评都算不上的意见。

这样的牢骚话中，我最想要说的就是调味料的事情。

特别是在电视节目中，厨师使用化学调味料、提味用的调味料或固体汤料的情况特别会引起我的注意。也就是说，做菜不使用高汤。

从很早以前开始，我就在看各种各样的烹饪书，知道有一位名叫西川治的摄影家，他同时也是厨师、作家、画家。我的书架上就放了两三本他的书。

西川先生年轻的时候，在中国香港地区、意大利南部长期生活过，可以说在当地他是以烹饪留学生的身份，从高水平的厨师那里学习了很多真正的烹调技术。

西川的一本著作里曾写有一段关于香港的记忆。其中就说到，早上厨师来到后厨的第一件事就是，准备汤、高汤。原来不仅是日本料理，所有料理的根本都是汤、高汤。

不过，日本菜里面，吊高汤这件事情并不是什么难事。首先在装满水的锅里放入一两片海带，或者先加入泡发干香菇的水，然后再加热。如果使用提味调味料的话，把水烧开这个步骤是不会变的，所花的功夫是一样的。就算还要加上木鱼干和鱼干，与花很长时间熬煮汤汁的西餐做法不同，日式高汤只要在水开了之后加入木鱼干，加热一二分钟之后将火熄灭就好。

换句话说，吊高汤这个事情就相当于把水烧开，绝对不是什么费时费力的麻烦事。

在我祖母的那个时代，有客人来，带了青花鱼寿司和稻荷寿司等作为礼物的时候，她就会自言自语似的嘟囔一声"做个清汤尝尝吧"，马上下厨房去了。在不到十分钟的时间里，她就端出一碗放了菠菜等蔬菜并稍微加点紫菜的清汤。

这似乎是一个不经意的习惯，但像今天这样，现成的固体调味料一统天下的情况，真是让人感到不可思议。再加上祖母做的味道，会根据当日气温和湿度的不同，来调节海带的质和量，木鱼花也不是每次煮都用相同的量。这是一种人性化的食物，倘若总是同样味道的话，那又有什么乐趣呢？

　　写了汤菜类，我就想起我长大的时候，京都人平时喝的汤菜都是清汤的，味噌汤则不是经常出现在平时的餐桌上。只在冬天的时候，经常用的是白味噌，新年的菜汤年糕也是用白味噌做的。辛辣的田舍味噌则很少用到。曾经在祇园街和人聊到这样的回忆时，店里的老板娘告诉我说："我小时候也没怎么见过辛辣的味噌。"

　　差不多是从昭和四十年代后半期开始，电视广告中出现了大型味噌公司之后，辛辣的味噌才开始普及的吧。

第四讲

『吉冈』家与第五代染司

吉冈的家与历代染坊

接下来，我稍微谈谈我自己家——吉冈家的情况。首先从这个家族产业"染司吉冈"的成立与变迁开始写起。

"吉冈"已经持续了二百多年，到我这里，是第五代染坊，其历史虽然微不足道，但确实和日本的现代化稍微有一点点相似之处。

吉冈家的起源是在兵库县出石那个地方。兵库县是靠近日本海的一个山间小城，因出石烧陶瓷器和美味的荞麦而闻名。

我暂且说一下我从父亲那里听来的故事吧。

出石这座山间小城有一家名为桥本屋的酿酒坊。当时是父权制，所以按照老规矩，家里的生意都是由长子继承，其他的兄弟就要离开家。不知道是老二还是老三，据说其中有一位在文化年间（1804—1818）去了京都，进入一家名叫吹太屋吉冈的老染坊当伙计。

所谓"吉冈染"，追根溯源的话，就要追溯到庆长九年（1604）在一乘寺下松决斗中败于宫本武藏的剑术兵法的吉冈家。据说吉冈清十郎（直纲）、直重等人与宫本武藏决斗，输了的吉冈一家在这之后便放弃剑道而转做染坊。而吉冈染因为本来是剑术道场的缘故，所以称为"宪法染""宪法黑"。

关于这一点，有几种说法，一种是说宪法是剑法的转讹。还有一种说法是，剑法吉冈流的始祖是战国时代剑术家吉冈宪法，原本是在京都四条经营染布行业，专门做黑茶染的，因为喜欢剑道，所以成了一名钻研须惠剑的高手而有室町幕府兵法部的教头之称。

事实上，庆长年代（1596—1615）之后，宪法黑——吉冈染用槟榔树和杨梅染色让铁元素发色——这个名称开始流行起来。

随后出现了到"吉冈"这个染坊学习染色技术的人，于是染坊就开始收徒弟。徒弟出师之后，他们就可以用"吉冈"这个招牌自立门户。我们这个吉冈，是属于吹太屋这个系统下的一个门派，不过在京都其他一些打着吉冈这个招牌的染坊也有很多。

"吉冈"这个名称，可谓是染坊的代名词。

我在二十四五岁的时候，还是个编辑。京都先斗町有一家名为"增田"的著名餐馆，我父亲和伯父在很早的时候就一直去那家店吃饭，所以我也和店里的人很熟。

那里有一位出了名的老板娘叫增田好，非常照顾我这位年轻的编辑，曾经为了引荐他们店里的常客司马辽太郎先生，她带我去了先生位于东大阪的家里。

当时我非常紧张，完全不记得自己说了什么。司马先生对我说；"听说你是坚二先生（我伯父，一位日本画家）的侄子，是吧。家里本来应该是开染坊的吧，吉冈这个名字，就是染坊进货商的名字吧"。全都被他说中了。

收录于司马先生的短篇小说集《一夜女官》中的《京都剑士》（京の剑士）这篇小说中，也描写了吉冈清十郎和宫本武藏决斗的故事。想来，关于吉冈染估计司马先生也花了很多功夫进行调查吧。

吉冈清十郎他们的事情之后，过了两百多年，也就是文化年间，我们这家染坊的创始人从出石来到京都，进入京都为数众多的吉冈染坊中的一家当伙计，自立门户的时候，将原本的姓氏桥本改成了吉冈。据说这位创始人创立门户之后，非常努力地从事染色的工作，最终开创了一家非常兴盛的染坊。

第一代创始人的女儿，染色技术比其他几个孩子都好，考虑到她要是嫁人的话家传的技术就外流了，于是就收了个养子。这个养子就是第二代主人，也就是我的曾祖父。

附带说一句，听说印度那些织碎白点花布的作坊，也只让男性来做染织的工作，也就是要世代单传的缘故。

成为日本画家的祖父去东京

我的祖父，也就是后来应该成为第三代传人的那个人，于明治七年（1874）在创始人开设染坊的西洞院四条上那个地方出生。

正如过去吉冈剑法的道场也称为西洞院道场一样，四条西洞院也是一个和道场有渊源的地方。

尽管现在京都河流数量已经变少了，但是京都的街区从北向南还是有几条小河流过。其中心就是堀川。此外，虽然也有西洞院川，但是为了通路面电车，明治三十七年（1904）西洞院川被改造成了一条暗渠。

堀川路那一带，地下水也很丰富，也可以用堀川的水流来清洗染好的布料，对于染色而言这里也是一个非常合适的地方。爬上西洞院的坡道，就是以麦麸馒头而闻名的"麸嘉"（西洞院椹木町上），堀川坡道上也聚集了好几家酿酒坊和一些需要用到水的买卖。

再稍微往北面走的话，就会看到小川路上茶道的表千家、里千家。这里也是堀川路的东侧。再往南面走的话，就是茶道的薮内家。茶道也是需要依赖优质水源的。

我的祖父是长子，不过他立志要成为一名画师，不管怎样都不愿意继承染坊的家业，后来成了日本画家岸竹堂（1826—1897）的门生。

图案设计师和画家的工作都是画画，但是有一种观念，认为画家的地位要更高。祖父是一位染匠的儿子，成为图案设计师是一条被允许的道路，但是相较于画家，被人称作图案设计师的话，总有一种低人一等的感觉。

即便如此，为了生计，祖父也画过图案。比较有代表性的是给祇园祭的鲤山画围绕鲤山的那种装饰性的鲤鱼跳龙门的描金画，这是有记录可查的。

《明治染织史》（明治染織史）中，也出现了吉冈华堂的名字，可见他的技术应该是非常高超的吧。即便是现在，新门前或古门前的绘画古董市场上，据说只要有明治、大正时期的挂轴拍卖，就会经常看到吉冈华堂的旧作。

这样一位祖父，尽管要当画家的心愿遭到家里人的反对，但他还是毅然决然地坚持选择了画家之路，因此祖父的弟弟甚之助继承了染坊的家业（成了第三代传人）。走上绘画之路的祖父和常子结婚后，去了东京。

　　吉冈华堂非常崇拜寺崎广业（1866—1919），这个人曾经参与了日本美术院的创立。在东京，祖父进入日本美术院，成了一名画家，并非常积极地开展活动。然而，后来发生了一个事故，他从人力车上摔落，患上了坐骨神经痛，为了养生他去了热海，在山庄里绘画，可是又罹患急性盲肠炎，因病症处理上的延误，于大正六年（1917）2月27日去世，享年44岁。

　　祖父去世后，他的第三个儿子，也就是我的爸爸常雄，在出生不久后就成为京都本家的养子。因为后来继承家业的甚之助没有子嗣，我父亲有六个兄弟姐妹，他排行老三，是最后出生的儿子，所以被送回了京都的本家。

　　吉冈华堂的妻子常子（我的亲祖母）很年轻就成了遗孀，无法如常抚养这些孩子。所以，她想到的一个办法是，在东京从想要和服的人那里接收订单，再在京都本家进行染制，然后在东京销售。

　　长子的学业非常优秀，从东京商业大学（现在的一桥大

201

学）毕业以后，进入松坂屋工作。那个时候，百货商店是年轻掌柜的世界，大学毕业能够进入松坂屋工作的人好像非常罕见。在昭和四年还是五年那个时候，日本举办了第一次时装展览。

次子的名字叫坚二，因为祖父吉冈华堂和日本画家野田九浦（1879—1971）是朋友，所以祖母想方设法要让坚二走上画家的道路，所以就把他送到野田画伯那里。后来，吉冈坚二成了东京艺术大学的教授，并获得艺术院奖，成为日本画坛的重要人物。

常子祖母到了晚年生活比较富裕，以宽文浮世绘的美女图为摹本，用旧的织物断片做成贴花人偶，在银座的资生堂画廊举办过展览，并喜欢把这些人偶送给她的六个孩子。所以，即便到了现在，说不定哪个亲戚家里可能也还留着这些人偶吧。这位常子祖母在我父亲结婚前不久，昭和十九年（1944）去世。

到此为止，我讲述了江户、明治、大正以及现在我家里这个染坊的谱系。接下来，我有一个想要让读者理解的重要事情。

创始人和第二代主人经营染坊的那个时期，也就是从江户末期到明治初年那个时期，从事的全都是用植物染料完成的工作。当然，也只能如此。

不过，到了明治二十年（1887）以后，在欧洲兴起的工业革命期间，化学染料被发明出来了。首先研发出来的是用从石灰的煤焦油中提炼出来的东西制作出的紫色、蓝色、暗红色等，随后其他颜色的染料也不断地被发明出来。

不久之后，日本也引进了化学染料。京都堀川沿岸鳞次栉比的那些染坊，也开始采用从西方引进的那些罕见的染料。我们吉冈染坊也不例外。那就是当时最先进的技术，于是专心致志地染制那些前所未见的色彩。

再加上明治末年到大正年间这段时期，日本全国上下和服非常畅销，是一个普通老百姓也能享受华丽的色彩与纹样的时代。因此，在大正时代到昭和初年这段时间里，京都的染织界相当繁盛，吉冈染坊也顺势而行。

在大正、昭和年间，和服产业的全盛时期，京都出现了一家名为"悉皆屋"的综合和服批发商。画西洋画的梅原龙三郎的老家"宇治屋"以及之后成为大型商社的丸红、奈良屋等，这些商家发挥了某种类似染坊的首领一般的作用。吉冈家的染坊接的就是梅原家的工作。

我父亲之后在学生时代就反复研究和实践那些应该学习

的化学染料技术，对化学染料的使用并没有提出很大疑问。

因为这种对化学染料的偏爱是时代的潮流，现在我主要做的是植物染料，但是还是希望大家对当时的时代背景有所了解。

父亲吉冈常雄重启染坊

昭和十一年（1936），父亲毕业于桐生高等工业学校（现在的群马大学）染织别科。战后，我出生的那个时候，他在一个类似染色试验场的地方工作。那是一个像研究染色材料一样的工作，他并不是一个满足于在机构内部工作的人，昭和二十六年（1951）还是二十七年（1952），他就从那里辞职了，自己重启家中的染坊。"吉冈"在战争期间曾一度停业。那个时候我们是住在伏见区深草的大龟谷那个地区，父亲开始用家里的浴池进行染色。

可是，如果要真正重新启动染坊的话，那就必须要确保一个合适的工作场所。那时候母亲那边有一位祖母一个人生活在现在这个作坊所在地伏见区向岛的附近，她无意中说起

"就用这边这个房子吧"，便把那个地方租给父亲。我记得很清楚，这是昭和三十年（1955）的事情，那时候我十岁。

搬到伏见区向岛以后，父亲正式开始做染色的工作。父亲认为自己一人身兼染色创作者和研究者这两种职业是理所当然的事情，而且他心里也抱着必须重启吉冈家这个染色作坊的意愿。与其说是父亲有野心，不如说他多少有点蛮干的意思。

当时，我还小，印象中家里的日子非常贫困，比较多的就是工艺美术方面的书。到家里来玩的那些年轻画师都还记得那时候"只要到我家里就没法学习了"，到处都是各种美术书籍。母亲首先必须要付买书的钱，需要筹备相当大的家庭开支。

书也不仅仅是工艺美术相关的书籍，也有一些技术的历史等难度比较大的书，这些都是一些又大又重的东西。

此外，碗柜里还有一些古董茶碗和描金画的漆碗，看到别人家里的那些新的西式餐具，我就会觉得和自己家里的很不一样。这是因为父亲也和民艺运动的人有交往，平时我们也会用到滨田庄司先生做的海碗和小茶壶。

尽管父亲没有什么钱，但是买这些东西的时候都很干脆。

例如，父亲买了吃吗茶碗[1]回来，跟母亲说："有客人的话，就用这个。"这在经济上是很不实惠的。

---

1 吃吗茶碗：日语写作くらわんか茶碗，江户时代往来于大阪淀川的乘船上的船客，把卖酒和食物的煮卖船，称为饭船。这种买卖中使用的染色粗糙的饭碗被称为"吃吗"。就是从"吃饭吗"这样的叫卖声中产生出来的一种俗称。

父亲的骨螺紫研究

　　我们家不像一般家庭那样，并没有那种父亲去上班，或者认真工作的感觉，所以像我这样的孩子有的时候会觉得父亲究竟是玩呢，还是在工作呢，不知道他究竟是个什么样的人。

　　我基本上不让父亲陪我玩，但是我记得经常被他带到博物馆去。如果妈妈让他陪我们几个兄弟一起玩的话，他就带我们去京都市内的或者奈良的博物馆。

　　在父亲看来，大哥和二哥坚二虽然做了自己喜欢的事，但多少都有些不愿意再回到染坊。

　　父亲年轻时曾经在染色课程的教科书上看到，以前地中海地区用贝壳染成的紫色，那是高贵皇帝的颜色。因为那是战前的事情，不是像现在这样可以轻易获得信息的时代，教科书中也没有写到有什么资料。只有"皇帝的紫色"这个事情留在脑海里了。

　　不久以后，父亲开始学习正仓院织物断片和古老的植物染色技术，在学习的同时，他也始终保持着对自己青年时期的记忆——骨螺紫的好奇心。他是那种就算没钱也要购买高价书籍的人，结果在很短的时间里就收集了大量关于骨螺紫的资料。

　　尽管使用从明治时期引进日本的化学染料这种事情对于染坊而言是再正常不过的了，但父亲看到那些流传至正仓院等地的染织品，经过了一千多年的岁月仍然保留着绝妙的色彩，所以还是很想让植物染再一次完美地回到我们的世界，这个想法一直存在于他的心里。于是，他更加关注世界上的那些古老的染织品，一心一意地投入骨螺紫的研究之中。

　　我上高中那会儿，家里有很多贝壳的标本，父亲也经常到奄美大岛、日南海岸等地方去采集贝壳。

　　"到现场去，用眼睛记忆"，这是父亲的口头禅。只要我一开始炫耀自己在书本上读到的什么知识，父亲始终会教导我，"先去看看，然后再来谈这个事情"。

　　昭和四十三年（1968），他开始第一次染织调查旅行，取得了各种各样的成果。在瑞典的乌普萨拉大学找到了载有帝王紫染色法的福音书《白皮书》，在巴黎看到《珍珠经》之后在意大利的那不勒斯湾采集到了贝壳，成功复原了帝王紫。之后，在克里特岛上父亲试验了自己想出来的骨螺紫的技法以后，在黎巴嫩的西顿，发现了用来做染色的贝家。

总而言之，父亲筹集到钱之后就出国去。当时正是美元紧缺的时期，每个人只能带500美元出国，这在现在就是一个难以想象的事情。在1美元兑换360日元的时期，以400多日元购买了黑市的1美元。到了当地，父亲每去一个地方就找当地的日本媒体分局借现金，例如，去开罗就找每日新闻，在巴黎就找NHK等。这期间，父亲就给家里写信。

信中就写了NHK的经理某某人，多少美元。我在早稻田大学上学期间，母亲就把钱交给我，让我去田村町（现在的西新桥）的NHK，或者去每日新闻社把钱还给人家。

因为骨螺紫的研究，父亲的确出名了。有这样的紫色存在这个事情成为话题之后，报纸上也经常会提到。

过了相当长一段时间之后，《帝王紫探访》这本书出版了（1983年），这是父亲在骨螺紫研究方面的集大成之作。

化学染料与植物染料

正如前文所述，吉冈家从第三代开始，也就是明治三十年（1897）左右开始，就已经用化学染料进行染色了。

明治、大正、昭和时代，京都所有的染坊都是如此。父亲学的就是化学，接受的教育就是所有能够在科学上进行确定的事情都是正确的。到我继承家业为止，我们的作坊既用植物染料也用化学染料。有作为研究对象的植物染料，也有用来染制商品的化学染料和植物染料。

对于我所主张的那种为什么化学染料不好而植物染料好的观点，我父亲的看法和我的有根本区别。

父亲认为，因为是染料，所有都一样。化学蓝色也是通过分解天然的蓝来制作龟甲纹[1]（化学式）。父亲的理论是："因为有蓝的化学式存在，所以能够制作化学蓝。因此，这是有连续性的。"

打个比方，化学蓝叫作"Indigo Pure"，有印度蓝的纯粹之物的意思。茜叫作"茜素"（Alizarin），所以化学茜叫作"茜素红"（Alizarin Red），首先蓝是对茜草这种植物进行分解之后构成龟子的，那么化学染料就是这种情况的延伸。认为植物染料好而化学染料不好这种观点，在父亲看来是很怪异的。

人类是一种追求完美的物种，创造出某种极致的化学染料，这也不是什么稀奇的事情。

不过，到了七十岁左右的时候，父亲果然对现在的化学染料感到无法理解。他慨叹道，高分子化学是由完全没有规律的东西生成的，实在是难以理解。

而我的想法则与这样的理论无关。

因为我的立场是完全不接受明治以后的那些来自欧洲的化学技术，所以即便是父子，我们在这方面的考虑却完全不同。

我与父亲的成长环境各不相同。我进入大学之后，第一

---

[1]　龟甲纹：六角形相连的花纹。

次坐着新干线穿过多摩川的时候，看到可动堰下面漂浮着非常可怕的泡沫，在那个瞬间我便痛切地感受到，东京的公害问题与京都的，有着指数级的差距。多摩川和隅田川的叫污染，京都的鸭川和宇治川的叫混浊，程度完全不同。

　　工业革命以后，经过了一百多年的岁月，人类已经忘记了敬畏自然这种事情，而这 1970 年前后的景象，正是人类的傲慢所带来的恶果，而这与我这个小小的家也有着非常真切的关联。

第五讲

日本的四季与我的年事记

小生命与季节感

　　我的作坊是五十多年前盖的分栋长屋，我们将它改造成了一整栋的长屋，所以南侧有个细长型的前院。9月中旬以后，那里就会传来虫鸣声，凉风习习而来。

　　听着那虫鸣之声，我想起了藤原正彦所著的畅销书《国家的品格》（国家の品格，新潮新书）中缩写的一段文字。其中写道，我们日本人一听到这样的虫鸣声，就会有某种笃定之感：酷热的夏天终于要过去了！从这样的声音中感受季节交替，玩味其中的趣味，欧美人则会觉得这样的声音很吵闹烦人。

　　而且，我们日本人甚至会在房间里养虫子。

　　《源氏物语》的"朔风"这一帖中便的的确确记载了一些9月上旬这段时间里发生的事情，"朔风"中描述了京都遭遇台风之后的场面。比起台风这个粗野的词，朔风这个词更见情绪。

当时，光源氏的权势达到巅峰，建造了六条院这个理想的宅邸，和女人们一起生活。这一帖讲述的就是这个时期的事情。

六条院分为春夏秋冬四个院子，光源氏和紫姬一起住在被东南面的春之庭所围绕的春院，西南面的秋之庭是冷泉帝的中宫秋好中宫，东北面是充满夏趣的庭院花散里，而西北面则是体现冬季景色，是明石姬的住处。

台风过去之后的那个早上，源氏命令儿子夕雾到每一个院子，查看各处的情况并分别进行慰问。

夕雾先是去了秋好中宫，查看了寝殿的南面，台风过后人们都在收拾整理，看到这种情形，童女们"在许多虫笼中加露水"，持着各种各样的笼子，在庭院里走来走去，往笼子里面加草叶上的朝露。

由此可见，类似这样的饲养并照顾虫子，风吹雨打之时便放在室内，风雨停歇之后便放到院子里，给它们喂食露水，对这样的小生命给以细致的关怀，这样的习俗从平安时代开始就已经存在了。

如此说来，在这一帖前面的"萤"那一帖中，也有关于萤火虫的微弱光芒的故事。光源氏对自己的养女玉鬘开始心生恋情，让玉鬘备感烦恼。

光源氏便逆自己心意而为，打算将玉鬘介绍给弟弟兵部卿亲王（萤亲王）认识。5月里的某一天，兵部卿亲王悄悄地来到玉鬘的住所。

那个时代，那些身居高位的女性，外人如果不是有相当深厚的关系，是无法直接看到她们平日里的容颜与行为举止，因此兵部卿亲王隔着帷屏在玉鬘的近旁坐着。

不久之后，天色渐晚，在一旁照顾玉鬘的光源氏撩起两重帷屏中的一条垂布，快速往里面投了一些闪闪发光的东西。这就是他用薄绢包着的无数只萤火虫。还以为是蜡烛亮光而吃了一惊的玉鬘连忙拿扇子遮住自己的面孔，而那帷屏就像一层薄薄的绫罗一般透明，透过这一重的帷屏，兵部卿亲王就见到了她那美丽的侧面，那个美丽的幻想式的场景让他对玉鬘更多了一分爱意。

不仅是萤火虫，我们一直对各种各样的虫子加以关心。在诗歌中吟咏春季的蝴蝶、夏季的知了、秋季的金钟、冬季的棉蚜的现象也很多，此外，对于蚊子或者飞蛾这些遭人厌烦的虫子也赋予诗趣。

在这里，我想稍微和大家聊一聊日本人的感性与四季迁移。

日本列岛的位置与四季

　　"丝绸之路"这个词语及其意义，那个时代的各种事情，都是与我的工作有关的事情。可以说，"丝绸之路"始终在我的心里占据了非常重要的位置。

　　喜马拉雅山脉以北是青藏高原，其北端，昆仑山脉东西向延伸，越过山脉就是塔克拉玛干沙漠。从那里往东前进，就有楼兰、敦煌等"丝绸之路"上西域地区曾经有过的那些王国以及成为起点的地区。沿着地图看，就可以确定这些地方位于内陆地区。

　　我曾经去过敦煌两次。1999 年第二次去的时候，正是严寒尚存的 3 月初。

　　那个时候，是从西安乘坐小型飞机前往敦煌的，低空飞行的时候从窗户俯瞰，那里完全是一片没有颜色的大地，白杨树也落叶了，完全没有绿色，映入眼帘的只有沙与土的颜色。

第二天下雪了，屋外是零下三十摄氏度，不论是泥土还是池塘、河流，全都冻住了。

我就是在这样的严寒之中，参加了在敦煌莫高窟发现的唐朝丝绸织物的调查工作。

初春的敦煌，真的是一个没有颜色的冰冷世界，而且夏天的情况似乎正好相反，气温高达四十摄氏度以上。真是一次让我领教自然之严酷的旅行。

回来的路上，一进入日本领空，眼睛首先被丰富的绿色滋润了，接近机场的时候，油菜花的黄色让我感受到早春的气息。

应该有很多人有这样的旅行经验，深切地感受到日本是一个深受自然环境恩惠的国家。日本列岛在地图上的颜色区块几乎是用绿色来表示的。

在这样一个湿润且色彩丰富的日本生活，我们到了夏天就叫"好热、好热"，到了冬天就感叹"寒气逼人"。可是，看看这地球上很多其他地方，就会觉得我们生活在一个饱受大自然极大恩惠的国度，必须对此报以极大的感激之情才是。

日本列岛的季节变化缓慢而细致。正是这种细致的自然变化，孕育了日本的文化。

四季、二十四节气、七十二候。一年分为春夏秋冬四个季节，接下来，又被分成二十四个节气，差不多每隔十四天就设一个节气，甚至将一年分成七十二候，每五天就是一候。

只要看这七十二候，就能感受到不到一周时间里的自然变化，生活、农事、上山下海等工作都有了相应的准则，甚至成了诗文的内容。

这虽然被认为是只有日本才有的自然风土，不过，这样的构想实际上是源自中国。估计这其中也参考了长江流域的历法。

打个比方，2月4日是二十四节气中的"立春"。从立春这一天到下一个节气"雨水"为止，差不多间隔两个星期。在此期间，是七十二候中的"东风解冻"（东风把厚厚的冰融化了）、"黄莺睍睆"（黄莺开始在山谷中鸣叫）和"鱼上冰"（鱼从裂开的冰缝隙里跳出来）。

而到了暑热尤甚的8月上旬，就迎来了"立秋"这个节气。

秋天暗自来，展目难明视，一听吹风声，顿惊秋日至。[1]

——《古今和歌集》

言下之意就是，人们听到风的声音，就明白秋天马上就

1　译文参照中文版《古今和歌集》，杨烈译本，复旦大学出版社，1983，第41页。

要到来了。

在七十二候中，是用"凉风至"这三个字来表示这个时期。立秋之后，就是五节日[1]之一的"七夕"。

7月7日按照现在的历法，还是梅雨时期，但旧历的七夕按照现在的历法来推算的话，那就是8月10日到20日左右这段时期中的某一天。此外，2009年的8月26日这一天是旧历的7月7日。也就是说，七夕是立秋之后的一个秋季节日。

> 吹起秋风日，年年一度回，君诚吾所恋，日日待君来。[2]
>
> ——《万叶集》

这首诗中的"吹起秋风日"，也就是说，从立秋这一天开始，就一直在等待自己的心爱之人，而且终于等到了。这也是一首描写牛郎等候织女到访的诗歌。

而且，日本人还分别用颜色的名称来命名这种秋日缓缓而至的景色，尤其是树木的样子。

七夕之后不久，原本绿意繁茂的树叶，开始稍微染上

1　五节日：日本古时一年中五个节日的总称。指1月7日（人日、七草）、3月3日（上巳、雏、桃等）、5月5日（端午、菖蒲等）、7月7日（七夕）和9月9日（重阳、菊花等）。明治维新后因采用新历法，所以节日过的都是阳历。

2　译文参照中文版《万叶集》，杨烈译本，湖南人民出版社，1984，第311页。

一层黄色的味道。这种颜色就用"青朽叶色"这个名称来表示。而时间稍微再过一阵子，银杏的叶子变黄了之后，就称为"黄朽叶色"；到了深秋时节，枫树变成红叶的颜色，便称为"赤朽叶色"；而叶子枯萎呈现淡淡的茶色之时，那样的景色则用"朽叶色"这个颜色名称来表示。

> 龙田川上下，红叶乱漂流，若涉河中渡，真如断锦绸。
>
> ——《古今和歌集》

这首和歌前文也引用过，描绘的是红叶飘落在龙田川中，河水流动的样子宛若锦缎一般。

藤原定家的那首收录于《新古今和歌集》中的和歌，则是这样来表现的：

> 举目望四方，春华红叶尽，浦边苫屋处，日暮秋意远。
>
> ——卷四·秋歌上

其中所吟咏的无疑就是冬日临近的晚秋时节那种万物暗淡无色的样子，表现的就是秋色一天一天消逝的样子。

这就是日本列岛的四季，养育日本人心灵的正是这样的四季。

偶尔一边了解一下旧的年历一边试着思考一下日本的自然之美以及节日仪式的形成，也是很好的事情。

在另外的表格里列举一下二十四节气和七十二候的一览，希望大家参考。

《二十四节气与七十二候》

二十四节气	七十二候
立春（2月4日左右）	春风解冻·黄莺睍睆·鱼上冰
雨水（2月19日左右）	土脉润起·霞始靆·草木萌动
惊蛰（3月6日左右）	蛰虫启户·桃始笑·菜虫化蝶
春分（3月21日左右）	雀始巢·樱始开·雷乃发声
清明（4月5日左右）	玄鸟至·鸿雁北·虹始见
谷雨（4月20日左右）	葭始生·霜止出苗·牡丹华
立夏（5月5日左右）	蛙始鸣·蚯蚓出·竹笋生
小满（5月21日左右）	蚕起食桑·红花荣·麦秋至
芒种（6月6日左右）	螳螂生·腐草为萤·梅子黄
夏至（6月21日左右）	乃东枯·菖蒲华·半夏生
小暑（7月7日左右）	温风至·莲始开·鹰乃学习
大暑（7月23日左右）	桐始结花·土润溽暑·大雨时行

立秋（8 月 8 日左右）　　　凉风至·寒蝉鸣·蒙雾升降

处暑（8 月 23 日左右）　　　绵柎开·天地始肃·禾乃登

白露（9 月 9 日左右）　　　草露白·鹡鸰鸣·玄鸟去

秋分（9 月 23 日左右）　　　雷乃收声·蛰虫坏户·水始涸

寒露（10 月 8 日左右）　　　鸿雁来·菊花开·蟋蟀在户

霜降（10 月 23 日左右）　　　霜始降·霎时施·枫茑黄

立冬（11 月 7 日左右）　　　山茶始开·地始冻·金盏香

小雪（11 月 22 日左右）　　　虹藏不见·朔风拂叶·橘始黄

大雪（12 月 7 日左右）　　　闭塞成冬·熊蛰穴·鳜鱼群

冬至（12 月 22 日左右）　　　乃东生·麋角解·雪下出麦

小寒（1 月 5 日左右）　　　芹乃荣·水泉动·雉始雊

大寒（1 月 20 日左右）　　　款冬华·水泽腹坚·鸡始乳

（引自《略本历》，明治七年［1874］）

226

我的年事记是古都的仪式活动

寺田寅彦好像曾经说过"年事记是日本人的感觉索引"。在古都，四季之中时常会举办各种祭祀或仪式，被收入年事记的也有很多。实际上，京都几乎每天都有某个祭祀或者活动。

每个人分别都有自己的年事记或每年定例的活动，譬如，稻荷大社的初午 [1] 是必须要参加的参拜啦，三伏天里无论如何都想要吃鳗鱼啦，也有人对每年每个季节的活动都做了规划。

只要一临近"那个日子"我就要忙得不可开交，我有个朋友看到我的这种样子，就会开玩笑地说我"吉冈的四大节日"。

---

[1] 初午：指 2 月第一个午日，是稻荷大社的庙会。

一年之中，我有四个非参加不可的古都的传统活动：

首先是 2 月到 3 月这个时期举行的东大寺的汲水仪式（修二会）。

接下来是以山鉾[1]巡行为高潮的 7 月祇园祭。

然后是 10 月末到 11 月初奈良国立博物馆举办的正仓院展。

最后是 12 月的春日大社若宫的"御祭"。

这些也包括工作上的事情在内，是我每年非常重要的活动。接下来，按照顺序给大家介绍一下。

1　山鉾：一种祭神用彩车。山，指山车，是模仿自然的山岳制造而成的神体，在祭祀典礼中使用。鉾是一种做成长矛状的神轿。

汲水仪式与人造山茶花

　　东大寺是因"奈良大佛"而闻名的奈良最大的寺院。迁都到平城京[1]之后，日本受到中国唐朝的重大影响，同时国家体制逐渐向中央集权过渡，那个时期，圣武天皇在都城的东面建造了一个大型的佛教圣地。

　　天平十五年（743）发出建造大佛的诏书，两年后开始建造大佛殿。随后，天平胜宝四年（752）4 月，不用说中国，连印度以及遥远的波斯等丝绸之路诸国的来宾也都列席其中，大佛开眼供养会在一片繁华之中举行。

　　同年，东大寺开山祖师良弁的高徒实忠在大佛殿东面

1　平城京：日本奈良时代的京城，地处今奈良市西郊。710 年（和铜三年），元明天皇迁都于此。

的后院中建造殿堂，并决定在那里严格实施这个仪式。这就是修二会的缘起。这个仪式从开始到现在，一共举办了一千二百五十多回，一次都没有中断过。

因为是在旧历2月进行祈祷，进而被称为修二会。闭居在寺院中斋戒祈祷的修行者们，从二月堂下的阏伽井屋中汲水，献给十一面观音，因此叫作"汲水仪式"。

从2月20日开始，参加这个仪式的十一位修行者，闭居在一个名为别火坊的戒坛院寺务所中，带上必需品，为严格实施仪式而做精神上的准备。

2月23日，是花饰之日，这一天要准备修二会的正式仪式之时献给十一面观音的山茶花造型的花饰。我的作坊从正月开始染制的深红色与黄色的和纸，将会被做成那些山茶花。（参考彩页）

佛堂大厅中铺着一个名为丰岛席的席子，露出禅座，早晨9点以后，修行者、年轻杂役团团坐在那里，开始准备花饰。

这个制作工序首先是用刀将深红色与白色的和纸横向分成四等分，做成山茶花的那部分前端稍微做成圆形，用剪刀剪成细长的花瓣。花心用椆木制作，削成长三厘米左右的五角形，按照椆木的谐音，称为"taronoki"。此外，将用栀子花染成黄色的和纸裁碎，加入花芽部分，卷成圆形状。这就是山茶花的花蕊，叫作"芳香"。

再将三张红色和纸与两张白色和纸交互叠加，做成山茶花的形状。像这样红白花瓣交互叠加的品种，叫作"一瓣替"或者"指混"。奈良三椿之一、二月堂前的开山堂中一种名为"糊溢"的山茶花（又叫良弁椿），正好在修二会举办期间绽放美丽的花朵，因此大家一直以这种山茶花为范本。近年来，在松山的故居发现了江户时代狩野派画师的画作，描绘的就是"指混"这个品种的山茶花。据说这是在现代已经灭绝了的品种。

在多达五百个左右的人造山茶花的旁边，是用纸捻系结起来的两根带有红花色果实、高三十厘米左右的南天竹。这要插在大约五十个木樽上，吊在四个房间的角落里。

另外，也要准备用于二月堂内照明的灯心，用的是灯心草，什么位置需要几个，这也是全都规定好了的，需要一边看着旧的日记一边数数。人造山茶花做好了以后，要收纳在一种名为"有梨奈[1]"的圆形漆盘中。

这个工序结束之后，房间里重新恢复宁静。冬日里微弱

1　此处根据日语发音"Yurina"翻译。

的阳光从南面的纸拉窗照射进来，浮现出深红色的花朵，和纸与天然染料的柔和风情交相辉映。

山茶花的颜色是用红花染制的。红花按照植物学上的说法，是一种属于菊科的一年生植物，在中国是 5 月到 6 月开花，日本的话是在 7 月开花，是一种红黄混杂的花。在植物染中，将花的部分做成染料的大概就是红花了，红花的特点就在于开花时的颜色与作为染料染成的颜色是一样的。

3 月 1 日晚上 7 点，以大佛殿的钟声为信号，在火把的引导下，前半夜的修行者们一个个走上登廊[1]。

于是，悬造式的栏杆点上火把以后，火势更猛，活动过程中，火星乱舞四处飞散。从 1 日开始到 14 日为止，这就是每个晚上上半夜的引路光。（参考彩页）

我也获得许可，差不多每年都让我进入内殿闭居，修行者们的诵经声与旋律的那种庄严之美，朗读神名簿与灵簿的高低声、鞋子的踩踏声、行五体投地礼时自己身体激烈地触击地板的响声，这些声音交织着，仿佛在演奏某种庄严的音乐。

不久之后，由三位主要人物将纯白色的幕布卷起，秘藏佛像十一面观音的须弥坛就出现在眼前。二十多盏长明灯在香的

---

1 登廊：日本东大寺二月堂和长谷寺（奈良县樱井市）的正殿前面，有覆盖长阶梯的长廊。

烟雾中摇曳，映照着缓缓地放射出黄红色火焰的山茶花。

没过一会儿，达陀[1]就开始了。这是一种非常严肃的仪式，被认为是日本演艺之源。火天[2]与水天[3]之间的这种呼吸般的动作，表现的正是火和水的祭祀。

---

1 达陀：东大寺修二会上举行的修行仪式之一，手持大火炬的火天和手持洒水器的水天在殿堂内游走。
2 火天：佛教传说中的天界护法神。
3 水天：又译婆楼那天，佛教护法神，即古印度神话中的伐楼拿（Varuna）。

活动的染织博物馆——祇园祭

　　我醉心于谈论并向人介绍吉冈的四大祭典，甚至到了被朋友们嘲笑的地步。这并非那种私人式的四大祭典，而是通常意义上的京都三大祭——5 月的"葵祭"、7 月的"祇园祭"、10 月的"时代祭"，而祇园祭则是和东京的神田祭、大阪的天神祭一起被称为日本三大祭典。

　　到了 7 月以后，不只我，京都人全都兴致勃勃地盼着那给盆地带来炎暑一般的祇园祭季节的再次来临。17 日的山鉾巡行是这个祭典的高潮，但祭神仪式从 3 月 1 日就开始了，钲的那种"丁零当啷"的声音响遍各个保管山鉾的地区。

　　祇园祭的起源可以追溯到平安时代的贞观十一年（869）。当时有一种疾病在日本全国蔓延，为了平息这种疾病的传染，立了六十六根鉾，京都的男子扛着神舆去参拜位于皇宫南面的神泉苑，据说这就是祇园祭的起源。而六十六根这个数量，则是因为当时日本分为六十六个县。

这个祇园祭抚慰了带着各种各样的怨恨而早逝的人的怨灵，作为所谓的御灵会，在970年被朝廷定为官方祭典，成为京都规模最大的祭祀典礼。

因应仁之乱而成为焦土的京都复兴之后，祇园祭也重新得到恢复。促成这些事的就是拥有经济实力的那些商人，在现在的室町、新町通一带，这些商人的房子鳞次栉比，街面开始变得热闹起来，那一带地区被称为"町通"。

同时，来自中国、波斯、印度、欧洲的产物传入堺、博多、长崎等地，对以信长、秀吉等为首的那些不断积聚财富的京都权贵的审美意识产生了极大的刺激。

他们想要装饰象征自己鉾町[1]的山和鉾，便争相购买前所未见的那些南洋传来的绒缎或者画有异国风景的挂毯。巨大的鉾的护套上，那种让人瞠目结舌的、富有异国情调的色彩正是理想之色。

那么，我按照记忆，试着列举一下流传到今天的那些东

---

1 鉾町：京都各地区保存祇园祭所用山鉾的组织。

西吧。

长刀鉾和南观音山上的是传自波斯帝国萨非王朝（1501—1736）的一种挂毯，通称"波罗奈斯挂毯"。这是伊朗的伊斯法罕这个地方的织物，现在已经褪色得很厉害了，但是从中能够看到用红花染成的红色以及黄、绿、浅蓝等丰富的颜色。

月鉾上的鲜红色挂毯中呈现出圆形的大奖章式样以及花叶的纹样，那种大奖章式样，是在受伊斯兰文化影响而建立的印度莫卧儿帝国的拉合尔这个地区织制的。这其中的红色是用胭脂虫这种能够产生红色的昆虫作为染料染制成的。这个保存得很好，现在也仍然闪耀着美丽的色彩。

另外，流传到南观音山上的、在印度染制的木棉印花布，有三种左右，其中一块上有贞享元年（1684）的铭印，表明是这个鉾町的袋屋庄兵卫捐赠的。

甚至在函谷鉾上，有由中国的游牧民织制而成的画，有牡丹、老虎、梅花纹样的羊毛挂毯这类东西，除了有贞享元年的铭印这块外，还有二十多块在其他鉾町。

北观音山上的是，用中国明朝的缀织描绘百人唐子图（日轮凤凰额百子嬉游图缀锦）的悬挂物。它是用红花染成的红色，现在已经褪色得相当严重。近年来，在西藏的寺院中发现同种类的东西。这条悬挂物被保存在北观音山，仍然保持着耀眼的红色，能够让人想起当年那种色彩上的鲜艳。

鲤山上的是来自比利时布鲁塞尔的缂织壁毯，用缀织表现诗人荷马以希腊神话为题材撰写的《伊利亚特》中的一个场景。

类似这样的、上面所举的例子是非常具有代表性的，到现在为止，从海外流传进来的东西共有二百多件，有很多的鉾和山因天明时期的大火而遭到破坏，考虑到这一点，在此之前，从海外流传至日本的装饰品数量估计应该相当庞大。

7月17日的巡行，不用说，宵山、宵宵山也会有大量的游客来访，人们能够看到大航海时代的染织品。（参考彩页）

飞鸟、天平时代的至宝——正仓院展

前面也提到了，所谓正仓，指的是在律令制[1]时代，设置在各个官厅或寺院等地的仓库中的主要仓库。而这个地方就叫作正仓院。因此，奈良的每一个大寺院中都有储存保管资材、食材以及宝物的仓库，但却因为多次战火而被烧毁，留存下来的正仓，就是东大寺的正仓院，换言之，一个普通名词成了专有名词。

光明皇后奉献给大佛的那些圣武天皇生前的心爱之物，全都收藏在东大寺的这个正仓之中。除此之外，这里还收藏了

1　律令制：古代日本基于律令的政治及社会制度。日本正式实施律令制，可追溯至飞鸟时代的近江令，至桓武天皇已名存实亡，但到了明治时才正式被废除。

用于大佛开眼供养的物品、东大寺的附带物品、经典、日常用具、古代文书等。这些东西不仅很重要，而且数量非常庞大，正仓中同时也收集了很多贵重物品。

每年秋天都要进行一次晾晒，让宝物通通风，同时进行调查整理。同时也以此为契机，在奈良国立博物馆举办"正仓院展"，2010年的展览便是于10月23日到11月11日期间举行的。据说为了目睹这些从七八世纪流传至今的宝物，约有二十九万四千八百人到场。

在这里我们必须好好思考。

世界上那些讲述历史的古物，全都是出土物品，因此，比如中国、古代希腊、古代罗马、古代埃及的那些物品，全都曾经一度被泥土所掩埋，之后再被挖掘出来，展示在我们的面前。

然而，东大寺正仓院或法隆寺中收藏的那些宝物，在地面上保存了一千三百多年，故而，这是我们日本足以向世界夸耀的民族"奇迹"。

第二次世界大战后，这些宝物在秋天的晾晒时期，以正仓院展的形式公开展出，每个人都能看到实物。天平时期，以举办的大佛开眼这个大型活动为契机，日本京都作为丝绸之路的东边终点站，加入世界文化之地的行列。在这些宝物中可以详细地看到当时的具体情况，以及以朝廷为中心的京都人的实际生活状况。这一点比什么都重要。

正仓院中收藏的这些宝物，哪怕只是染织品，据说那种小的织物断片就有十几万之多。

自从父亲带我去看那些陈列品之后，时间已经过去了将近半个世纪，当然，我这双眼睛并不能完全理解那些东西。只不过每次举办展览的时候我所看到的那些染织品，不论色彩的艳丽程度还是染色与织制上的精巧技术，都是丝绸之路上流通的最上等的物品。

我总是带着敬畏之心注视着这些染织品，然后再制作复原作品，学习古代的技法。

人类的感觉与技术，到底是不是一直随着时代的变迁而进步的呢？

遗憾的是，在我主要从事的染织领域中，这个疑问是无法彻底抹除的。说得极端一点，不对，归根到底，在这个领域中，甚至可以说天平时代才是一个最巅峰的时期。

现在，我正拼命地在回归之路上努力地追寻那古老之美。

（参考彩页）

御祭中白色装束的神秘性

被人开玩笑说，"吉冈四大祭"的最后一个祭典是"春日若宫御祭"。祭典仪式是在 12 月 15 日到 18 日期间举行。

我去奈良的次数相当多，但是从作坊出来，很多时候都是去最近的桃山御陵前站坐近铁[1]电车，电车一过大和西大寺站，展现在车窗外面左右两边的就是平城宫遗迹那广阔的草原，总让我有种进入奈良的感觉，我非常喜欢这样的感觉。

要去春日大社的话，可以从近铁奈良站慢慢地走上登大路，穿过兴福寺的院内。也可以从 JR 奈良站出来，一边观察

1　近铁：近畿日本铁道股份有限公司的简称，又称近畿日本铁道。

东面高高的奈良街道的特征，一边从正对着御盖山的三条大道走上去，虽然距离有点远，但会是一次很愉快的散步。

过了猿泽池之后，热闹的三条大道的面貌完全变了，令人惊讶的是，穿过春日大社的一之鸟居之后，这条大道显然就成了一条通往神域的参悟文道，充满了静谧之气。

春日大社建于神户景云二年（768），是用来守护平城京的。它和兴福寺一起，地点都选在俯瞰京城地区的春日野的高台，并且像炫耀权势一般进行祭祀神灵的活动。

藤原不比等[1]（藤原镰足[2]的次子）将女儿送入文武帝、圣武帝的后宫，成为外戚，从那以后，藤原氏成了一个拥有极大权势、能够左右日本政权的大贵族。因为这个缘故，不论高低贵贱，前来春日大社参拜的群众不绝如缕，而春日大社也和伊势神宫、贺茂社、石清水八幡一起，被尊为四大神社。

从春日大社的正殿稍微往南走一点，进入那条被称为"石灯笼的御间道"的宁静道路之后，就到达摄社的若宫神社。若宫神社是关白藤原忠通[3]于长承四年（1135）创建的，第二年他开创了祈愿五谷丰登、去除病害的春日若宫

1　藤原不比等：659—720，奈良时代初期的公卿，官右大臣。
2　藤原镰足：614—669，曾名中臣镰足，字仲郎，古代日本中央的豪族，藤原氏的祖先。藤原镰足是由天智天皇赐下"藤原"之姓。
3　藤原忠通：1097—1164，日本平安时代公卿。藤原北家出身，藤原忠实长子。

御祭。

这个御祭就在寒夜的黑暗中开始的。

以宫司为首的那些神职人员为了将神灵迁到御旅所 [1]，进入若宫神社的神殿，约定在 17 日凌晨零点左右，将火全部熄灭，伴随着神职人员们"呜——呜——"地发出低沉的警诫声。神体启驾了。前头点着大火把，宛若拖动御间道的两侧一般，在火星飞散中前进。这应该是一种用净火净化神道的行为吧。

而且，在演奏雅乐的同时，神体被神官不断地发出的"呜——"的声音，以及好几重春日的神木——杨桐的树枝包围着，在飘浮着的沉香的暗香之中，缓缓走向西边的御旅所。

另外，迎接神灵的临时御殿，还保留着带树皮的圆形木料，墙壁是粗抹过的墙，屋顶是用松叶覆盖的简素古朴的建筑，两边挂着五色布，祭典仪式结束后就会被取走。

那个时候，只用大火把作为光源，在这样的黑暗中前进的神体仿佛飘荡着某种灵气，在观看者的眼中留下神秘的残像。

神体被请到御旅所之后，从凌晨 1 点开始举行晓祭，从向到

1　御旅所：指在神社的祭礼（神幸祭）中神（一般是载着神体的神轿）巡幸途中休息或住宿的地方，或者指神灵临幸的目的地。

达的神灵献上山珍海味开始，宫司们献上祝词与神乐。

天亮了以后，就开始举行下面的仪式。

首先开始的是"御渡式[1]"这种风雅的游行，表演"田乐"歌舞与细男舞[2]等演艺节目的团体组成队列在奈良街头巡游，不久之后，穿过一之鸟居，缓步进入御旅所。

这一行人聚集在影向之松[3]下，春日大明神以老翁的形象表演万岁乐这种舞蹈，敬奉技艺的一群人则举行"松之下式"，在这里表演规定好的曲调和舞蹈的一部分，朝着御旅所走去。

下午4点左右开始，人们就在御旅所前面的戏剧舞台上接二连三地献上舞蹈，御祭则渐入佳境。

先从神乐开始，临近傍晚，舞台周围燃起篝火的时候，表演东游[4]。随后便开始表演向神灵祈求五谷丰登的"田乐"歌舞。向神灵奉献这种朴素的歌舞的仪式是祭典的开始，是之后上演的祭祀礼仪的前奏。接下来表演者身着华丽衣裳，将巨大的五色御币献给神灵，戴上用鲜花装点好的祭祀斗笠进行表演。

1　御渡式：指神体跟随众多的供奉迁往御旅所的仪式。
2　细男舞：日本古代祭祀仪式上的一种舞蹈，在春日若宫的御祭上，由穿着白衣、用白布遮住脸的六人（笛子两人、腰前鼓两人、舞蹈两人）来表演。
3　影向之松：生长在奈良市春日大社的一之鸟居后面参拜道右侧的黑松。
4　东游：雅乐国风歌舞中的一种大型组曲。

祭神驱邪幡给我留下深刻印象的是接下来的"细男"这种舞蹈。（参考彩页）

身穿纯白礼服的六位男性登上舞台，向神殿献上白色祭神驱邪幡之后，徐徐改变方向，眼睛以下蒙着一块白色的布，两个人空手，两个人胸前挂着小鼓，剩下的两个人则是吹奏笛子，跟着那笛声，两个人一组地向前迈步或者后退。在动作上，打鼓的两个人一边向前微微倾斜一边敲打，前后左右变化位置，实际上是以一种非常简单的动作来献舞。

这种简单的动作与那些脸部蒙着白布的男人的身姿，营造出某种神秘的气氛。

接下来上演的是猿乐[1]中的神乐式[2]和铃之段。这一部分人员的装束也是清一色白色打扮，将原木桌子放在前面，正坐在蒲团上，低下头来，面对着神灵。第三位出场的老叟与前面的细男形成了鲜明的对照，动作激烈，白衣摇摆晃动。

这种猿乐诞生了猿乐能，而田乐舞则诞生了田乐能，这些被认为是能乐的源流。暗夜之中的篝火映照着那些白色的装

1　猿乐：也称散乐，日本古代、中世的一种表演艺术。它以滑稽动作或杂技为主，是"能乐""狂言"的前身。

2　神乐式：翁这个曲目的简略版，翁是日本自古流传下来的一种祭神仪式上的舞曲。这是日本新年和重要的演能会或祭神仪式的起始部分必定要举行的一种祈祷天下太平的仪式。

束，所有的颜色仿佛全都隐藏在这种白色之中。

敬奉演艺结束之后，神官将排列的篝火熄灭，白烟包围住了舞台。白烟飘荡中，那些身着白色装束的男子迈着安静的步伐，将神体从临时神殿中请走。那白烟与身着白色装束的神官们的动作都非常缓慢、安静。

这是一个让人在白色中感受到某种永恒思绪的祭典仪式。这个世界好像有某种难以想象的白色神秘物体在飞舞一般，令人心动。人们仿佛正看着一个神灵的世界。雅乐之音宛若包围着神体一般，在深夜的春日山原始林中回荡前行。

以上所介绍的四种祭典，作为工作，我是每年一场不落地都必须要参加的，一个也不少。在这些祭典仪式中，得以近距离地目睹日本悠久历史的"再现"，对于我来说，这就是最好的对"美"的传承，同时对我也是一种最好的激励。

结语

在伏见，曾经和一个酿酒公司的干部谈话的时候，他一开口就这么说道："回到江户时代这样的说法，嘴巴上说说很简单，事实上这可是件非常困难的事情呀。"

我的工作就是从自然界里植物的花朵、果实、树皮、根之类的东西中提取颜色，再专门将颜色染在丝绸和布料上。这样的工作，日本从古代的飞鸟、天平时代到江户时代末期，在任何一个染坊一直都是这么做的。

我们家是于江户时代的文化年间在一家继承了吉冈宪法染技法的染坊中工作学习之后，成为独立商号的，这一点前面我也提到过。

从创始人到第二代主人，一直都是以红花的花瓣、缪蓝的叶子、栓皮栎的果实等为材料进行染色的，当然，除此之外也没有别的办法了。

到了明治二十年代，欧洲工业革命的浪潮也波及了染色界，堀川沿岸鳞次栉比的染坊一个接着一个地开始使用化学染料。我家的第三代主人也不例外。

然而，到了昭和时代日本战败之后，继承家业的父亲，以及承继父业的我，想要重新回到日本自古以来一直从事的植物染上。

自从父亲去世后，我从事的所有的染色工作全都回归古法。

这样的原委及技术，被酿酒公司的那位干部称为"回到江户时代"。之所以这么说，是因为那家公司也执着于酿造纯米酒，专注于探索日本酒原有的酿造方法和味道。

不过，无论哪一种工作，都是要一边探求古代匠人长期积淀并传承下来的技术，一边在现今的时代对这些技术加以运用，都需要付出相当大的努力。

就植物染而言，要获取染花、根等染色材料，在今天也是个问题，另外还有一个重要东西就是"灰"。

这个在之前也曾说到过，譬如，想用红花来表现靓丽的红色，就需要大量稻草灰。现在用联合收割机收割稻子已经是理所当然的事情了，收割完稻谷之后，剩余稻草当场就被搅碎重新撒到田地里。因此，我的染坊为了要获得稻草灰，就要请染坊附近那些经营有机农业的农户，将以前那种风干、晒干后收获的稻穗分一大部分给我们。

另外，要想染制紫色，也需要用山茶树的木材烧制成的灰。而蓝染中也需要大量的灰。

在酿酒和烧制陶瓷器等领域中，灰都是非常重要的东西。即便不是最重要的，那也是不可或缺之物。

换句话说，我们需要非常辛苦地去发挥主要材料的作用。要制作辅助材料。要达到这样的程度，"回到江户时代"这种事情的确是非常困难的。

话虽如此，但也无法放弃，非要设法坚持下去不可。

我强烈地意识到，必须把那古老的智慧与古人的手艺以及传承至今的审美意识及古典情趣传授给下一代。

PHP 研究所的大村麻里女士对我的工作以及之前的言行产生兴趣，建议我一定要把自己的想法做成一本书。

距离大村女士到我作坊来的那天已经过去很长一段时间了，虽然书中有一部分与我写过的文章有所重复，但总算可以搁笔了。

最后，要向写作期间对我给予协助的人致以诚挚的谢意。

平成二十二年（2010）10 月

吉冈幸雄

图书在版编目（CIP）数据

千年之色：日本植物染之美 /（日）吉冈幸雄著；
林叶译 . -- 北京：中信出版社，2024.2
ISBN 978-7-5217-6225-9

Ⅰ . ①千… Ⅱ . ①吉… ②林… Ⅲ . ①植物－染料染
色－日本 Ⅳ . ① TS193.6

中国国家版本馆 CIP 数据核字 (2023) 第 240248 号

千年之色：日本植物染之美
著　　者：[日] 吉冈幸雄
译　　者：林叶
出版发行：中信出版集团股份有限公司
　　　　　（北京市朝阳区东三环北路 27 号嘉铭中心　邮编　100020）
承 印 者：北京启航东方印刷有限公司

开　　本：880mm×1230mm　1/32　　印　　张：8.75　　字　　数：151 千字
版　　次：2024 年 2 月第 1 版　　印　　次：2024 年 2 月第 1 次印刷
京权图字：01-2023-6085　　书　　号：ISBN 978-7-5217-6225-9
定价：69.80 元

版权所有·侵权必究
如有印刷、装订问题，本公司负责调换。
服务热线：400-600-8099
投稿邮箱：author@citicpub.com